跟星级大厨学做

美味小炒

甘智荣 ◎ 主编

新疆人民出版总社
新疆人民卫生出版社

图书在版编目（CIP）数据

跟星级大厨学做美味小炒 / 甘智荣主编． -- 乌鲁木齐：新疆人民卫生出版社，2016.8（2019.3 重印）

ISBN 978-7-5372-6647-5

Ⅰ．①跟⋯　Ⅱ．①甘⋯　Ⅲ．①炒菜－菜谱　Ⅳ．① TS972.12

中国版本图书馆 CIP 数据核字 (2016) 第 150478 号

跟 星 级 大 厨 学 做 美 味 小 炒

GEN XINGJI DACHU XUEZUO MEIWEI XIAOCHAO

出版发行	新疆人民出版总社 新疆人民卫生出版社
责任编辑	贾 燕
策划编辑	深圳市金版文化发展股份有限公司
摄影摄像	深圳市金版文化发展股份有限公司
封面设计	深圳市金版文化发展股份有限公司
地　　址	新疆乌鲁木齐市龙泉街 196 号
电　　话	0991-2824446
邮　　编	830004
网　　址	http://www.xjpsp.com
印　　刷	深圳市雅佳图印刷有限公司
经　　销	全国新华书店
开　　本	195 毫米×285 毫米　　大度 16 开
印　　张	13
字　　数	220 千字
版　　次	2016 年 8 月第 1 版
印　　次	2019 年 3 月第 5 次印刷
定　　价	39.80 元

序　言

　　民以食为天，我国烹饪历史源远流长，烹饪方法由少渐多，烹饪技艺也由简单到复杂，蒸之鲜美，炒之脆嫩，焖之味浓，炖之醇厚，烤之焦香，炸之酥脆……款款各具特色，风味各异，成就了泱泱中华"烹饪王国"的美誉。

　　炒是中国传统的烹饪技法，也是使用最广泛的烹调方法之一。早在北魏名著《齐民要术》中就有"炒令其熟"的记载。唐宋时期，炒法在菜肴烹饪中的应用相当普遍，并总结出假炒、生炒、爆炒等技法。明清以后，炒之技法达到了鼎盛，同时又出现了酱炒、葱炒、烹炒、嫩炒等十几种炒法。清代的《调鼎集》介绍了1500余例菜品，其中炒菜占了主要篇幅。由此可见，从古到今，炒在烹饪中始终保持着重要的地位。

　　旺火速成是炒法的基本特点，这使得小炒菜品不但清鲜软嫩、光润饱满，而且在很大程度上保持了食材的营养成分。不论是清新爽脆的蔬菜、鲜美可口的菌菇，还是嫩滑多汁的肉禽、口感丰腴的海鲜，经过炒法烹饪后，无不成为餐桌上的宠儿，让人垂涎三尺。

　　炒法虽然烹饪时间短，成菜快，操作相对简单，但是要做出色香味俱全的小炒菜品，同样大有学问。这本《跟星级大厨学做美味小炒》正是让您变身厨房达人、成为小炒高手的宝典。本书以常见的小炒食材为纲，详尽介绍了蔬菜、菌豆、畜肉、禽蛋、水产五大类别、近百种食材的营养成分、保健功效、选购保存、清洗方法、刀工处理和烹饪技巧，列举了百余道小炒菜品的制作方法，手把手教您选购、加工、烹调，让大自然的恩物完成从市场到餐桌的华丽蜕变。本书的每一个菜例均附有精美配图，部分步骤复杂的菜例还附有制作视频，读者朋友只要扫一扫相应的二维码，就能马上观看菜品的烹饪过程，由专业大厨为您支招。

　　本书共分为六大部分：第一部分为小炒基础篇，比较全面地介绍了烹饪小炒菜品的相关知识。例如：炒锅的选择与保养，不同食材的刀工运用，滑炒、清炒、干炒、软炒、抓炒等炒法技艺的主要特点和操作要领，如何掌握火候，如何翻勺翻锅，各种调味料有何妙用等等。第二部分为蔬菜篇，教您烹饪叶菜类、花菜类、果菜类等以蔬菜为主料的小炒菜品。第三部分为菌豆篇，教您烹饪各种菌菇和豆类小炒。第四部分为畜肉篇，教您烹饪猪、牛、羊肉小炒。第五部分为禽蛋篇，教您烹饪禽肉和蛋类小炒。第六部分为水产篇，教您用藻类和鱼虾蟹贝来制作小炒菜品。

　　编者相信，这些"干货"一定会让热爱烹饪、喜欢小炒菜品的读者朋友受益匪浅。唯美食不可辜负，现在就来翻阅《跟星级大厨学做美味小炒》，一起享受下厨烹饪的乐趣，领略小炒菜品的诱人魅力吧！

PART 1

小炒基础

PART 2

蔬菜篇：新鲜蔬菜演绎田园风味

CONTENTS

PART 3

菌豆篇：清新菌豆打造营养飨宴

PART 4

畜肉篇：浓香畜肉变身下饭佳肴

PART 5

禽蛋篇：爽滑禽蛋制作健康美馔

PART 6

水产篇：丰腴水产烹饪极致鲜味

美味
小炒 STIR-FRY

PART 1

小炒基础

味蕾很苛刻！
烹饪过程中任何偷工减料都能被它觉察到。
味蕾很单纯！
只需细心一点，耐心一点，就能将它俘获。
一起来学习小炒基础知识，
用心做出满足自己味蕾的美味小炒。

炒锅选择与保养

"工欲善其事，必先利其器。"炒锅是我们日常烹饪的必备工具，拥有一口好的炒锅，才能烹制出健康美味的小炒菜品。平常我们使用炒锅做菜时会遇到很多令人烦恼的问题，比如油烟、粘锅、生锈等等，这些问题既影响我们下厨的心情，又不利于我们的饮食健康。因此，选择一口好的炒锅相当重要。随着社会的发展，市场上的炒锅种类越来越多，那么我们应该如何选择，到底什么样的炒锅才好呢？

哪种材质的炒锅好

一般来说，炒锅的材质是很重要的，也是一个重要的选择因素。目前市场上的炒锅主要有铝锅、铁锅、不锈钢锅这几种。

❖ 铝锅

就导热性能而言，铝锅>铁锅>不锈钢锅。但用铝锅炒菜容易析出铝元素，在人体内积累会造成老年痴呆，这是因为烹饪的过程中会有醋等调料和铝发生化学反应，导致铝的析出。不过铝锅不粘和无油烟的性能好，也不会破坏食物中的维生素。

❖ 铁锅

铁的导热性虽说不如铝，但在炒菜过程中，铁锅不含其他化学物质，不会氧化，很少有溶出物，即使有铁离子溶入食物中，人在食用后也可以吸收铁元素，铁元素可用于合成血红蛋白，对人体也有好处。还有人做过研究，把西红柿、青菜等几种新鲜蔬菜放在不同材质的炒锅里烹饪，结果发现，使用铁锅烹熟的菜肴所保留的维生素C含量明显高于使用其他材质的。铝锅炒菜虽也能保留较多的维生素C，但析出的铝元素对健康不利。

❖ 不锈钢锅

不锈钢锅相比于铁锅重量会轻一些，但导热性不是很好，不过不锈钢锅不容易生锈，不会藏污纳垢，在清洗的时候能够大大减少工作量，时常清洁且方法得当的话，锅体能够长时间保持美观。因此，如今市场上的不锈钢锅一般都是复底的，不锈钢和铝的结合，保留了不锈钢的稳定性和易清洁的特性，也结合了铝导热好的特性。

从健康的角度考虑，炒锅最好选用铁质的，不仅能减少蔬菜内维生素C的流失，还可以直接补充铁元素，对预防缺铁性贫血有很大的益处。

如何挑选铁锅

一般市场上的铁锅还会细分为生铁锅和精铁锅，两者在特性上存在一些区别：

❖ 生铁锅

生铁锅铁质非常纯净，通常情况下的设计是底厚壁薄、重量较沉，适合慢炒。在加热时，当火的温度超过200℃，生铁锅通过散发一定的热能，将传递给食物的温度控制在230℃左右，较易掌控火候。

❖ 精铁锅

精铁锅是用黑铁皮锻压或手工锤打制成，其表面通常经过多重处理，锅体更加轻薄，且可将火焰的温度直接通过锅传递给食物，适合猛火爆炒。

那么，如何挑选一口优质的铁锅呢？
有两个小窍门：

一是"看"。

看锅面是否光滑，但不能要求匀滑如镜，由于铸造工艺所致，铁锅都有不规则的浅纹。看有无疵点，疵点主要有小凸起和小凹坑两类。小凸起的凸起部分一般是铁，对锅的质量影响不大；如果凸起在锅的凹面时，可用砂轮磨去，以免挡住锅铲。

2.5mm

二是"听"。

厚薄不均的锅不好，购买时可将锅底朝天，用手指顶住锅凹面中心，用硬物敲击，锅声越响、手感振动越大者越好。此法亦可用来检验锅有无裂纹，裂纹一般易发生在锅边，因为此处最薄。另外，锅上有锈斑的不一定就是质量不好，有锈斑的锅说明存放时间长，而锅的存放时间越长越好，这样锅的内部组织更趋于稳定，初用时不容易裂。

锅底触火部位俗称锅屁股。一般常见的锅有平底的、尖底的、弧底的，可根据喜好选择。锅有厚薄之分，厚度一般在2~2.5mm为最好，这个厚度不易糊锅，并且保温效果较好，另外相应的使用年限也长一些。

铁锅的使用与保养

新买回来的生铁锅不能立即用于烹饪，要先除锈和除异味。

要清除铁锅的铁锈，可以把锅烧一会儿，然后放入肥猪肉，待肥肉煮成油时再加韭菜，炒至发出香味，弃去猪油及韭菜，锅便可以用了。要除去铁锅的异味，先把锅放到火上烧透，四面都要烧，关火后加入冷水，刷洗干净后再上火，加少许油和蔬菜屑炒一刻钟，四面都要炒到，最后将菜屑倒掉，把锅洗干净即可。

用新买的铁锅炒菜，时常会发现菜里有黑点，只要在使用前用醋清洗，就能炒出色香味俱全的菜肴。

铁锅的保养也非常重要，在第一次处理以后，每次使用完都要将锅刷干净，在火上烤干后再收起，因为留有余水它还是会生锈的。

常见刀工的运用

刀工是菜肴烹饪中不可缺少的一道工序。小炒菜品花样百变，不同的菜品对原料的形状和规格都有一定的要求，因此原料需要经过刀工处理。要做好小炒菜品，就一定要熟练掌握常见的刀工并恰当运用。

烹饪原料材质分类

不同的刀工适用于不同的烹饪原料，按其质地可以将常用的原料分为以下几类：

❖ 脆性原料

脆性原料泛指一切植物性原料，含水分较高，脆嫩新鲜，如黄瓜、萝卜、山药、冬瓜、蒜薹等。适用的刀法有直切、滚料切、排剁、平刀片、滚料片、反刀片等。

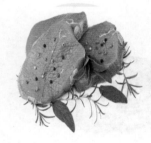

❖ 软性原料

软性原料，泛指经过加热处理后改变了原料本身固有质地的原料，质地比较松软，其中既包含动物性原料（如酱牛肉、酱羊肉等），又有植物性原料（如焯熟的胡萝卜、莴笋、冬笋等），还有固体性原料（如火腿、豆腐干等）。适用的刀法有推切、锯切、滚料切、排剁等。

❖ 带骨、带壳原料

常用的带骨、带壳原料有猪排、猪肋条、蹄膀、脚爪、鱼头等。适用的刀法有侧切、拍刀劈、直劈、跟刀劈等。

常见的刀工造型

正因为刀工的处理方法多种多样，所以食材在经过刀工处理后的形状也丰富多变，既便于烹饪又美观，而且方便食用。经过刀工处理后的常见形状有块、片、条、丝、丁、粒等。

❖ 块

切块的种类有很多，常见的有菱形块、大小方块、滚刀块等。
1.菱形块：将原料改刀切厚片，再改刀切条，斜刀交叉切成菱形块。
2.大小方块：边长为3.3厘米以上的叫大方块，以下的叫小方块，一般用切和剁的刀法加工而成。
3.滚刀块：运用滚刀法先将原料的一头斜切一刀，滚动一下再切一刀。

❖ 片

常见的切片有柳叶片、菱形片、月牙片等。

1.柳叶片：这种片薄而窄长，形似柳叶，一般用切的方法制成。

2.菱形片：将原料切成菱形块，再用刀切或片成薄片。

3.月牙片：先将圆形原料修成半圆形或切成半圆形，再改切成薄片。

4.厚片、薄片：厚度在0.5~1厘米的叫厚片，0.3厘米以下的叫薄片。

❖ 球

球形菜料是用挖球器制出来的，多见于地方菜。主要以脆性原料为主基料，例如土豆、南瓜、黄瓜、萝卜等，还有用花刀的方法切成块加热或制成球状。

❖ 条

先把原料片成厚片，再切成条。一般的条状长4.5厘米，宽和厚1.5厘米；细条长4厘米，宽和厚1厘米。

❖ 丝

切丝要把原料先加工成片状，再切成丝。切丝时排叠的方法有两种：

1.阶梯式：把片与片叠起来，排成斜坡，呈阶梯状，由前到后依次切下去，这种方法应用广泛。

2.卷筒式：将原料一片一卷叠成圆筒形状，这种叠法适用于片形较大较薄、材质韧性较软的原料，例如豆腐皮、蛋皮、海带等。

❖ 花刀

花刀是将原料平铺，用反斜刀法在原料表面划出距离均匀、深浅一致的刀纹，然后转个角度用直刀法切。花刀主要有麦穗形花刀、荔枝形花刀、梳子形花刀、蓑衣形花刀、菊花形花刀、卷形花刀、球形花刀。

❖ 丁、粒、末、蓉

先把原料片成厚片、切成条或细丝，再切成丁、粒、末、蓉。

1.丁：大丁2~1.5厘米见方，小丁1.1~1.4厘米见方。

2.粒：大粒约0.6厘米见方，小粒约0.4厘米见方。

3.末：即剁碎的原料，例如肉末、姜末、蒜末等。

4.蓉：肉类原料中多指剁后再用刀背将馅料砸成细泥状。

炒法技艺与应用

炒是我国传统的烹调方法，是以油为主要导热体，将小型原料用中旺火在较短时间内加热成熟、调味成菜。由于炒一般都是旺火速成，在很大程度上保持了原料的营养成分，可使蔬菜又嫩又脆，肉汁多且味美。

炒法的特点包括：第一，旺火速成，紧油包芡，光润饱满，清鲜软嫩。第二，以翻炒为基本动作，原料在锅中不停运动，多角度受热，防止焦糊。第三，锅壁有油等介质润滑，且炒制时油温要高，起到充分润滑和调味的作用，在北方地区炒制前还要用葱姜炝锅。

炒是应用最为广泛的烹调方法之一，经过不断的烹饪实践，炒法也演变得多种多样。目前主要的炒法大致可以分为以下几种：

滑炒

滑炒所用的食材多为动物性原料，不论畜禽类、鱼虾类或其他动物性水产，须去除筋、骨、皮，改刀成较小的形状后炒制。传统滑炒无芡，菜品呈自来芡，而今可以用微芡的方法，使菜品更鲜嫩可口。滑炒菜的代表有滑炒里脊丝、滑蛋炒虾仁等。

❖ 滑炒的具体操作

第1步：上浆。浆料一般是鸡蛋清和水淀粉，用量为每250克肉，至少要用2个鸡蛋清、足量的水淀粉，以能包裹食材为准。上浆时，要把浆料与肉拌匀，质地细嫩的鸡丝、鱼条要先用手轻按，使浆料深入肉质而不会掐断。

第2步：滑油。滑油时油量要多，油温用中温油。油量少肉质容易脱浆，油温低肉质会吸收大量的油，油温高则肉质易熟、成品较老。滑油的过程要迅速，主要是让浆料成熟以包裹肉质，肉质断生即可。滑油属于烹调过程中的重要程序，其优点是油温适中，在90℃～120℃，烹制时间短，原料中的营养物质破坏较少。

第3步：炒制。调味汁最好事先准备，操作时一气呵成。净锅留底油烧热，可以用葱、姜、蒜炝锅。然后，将油滑过的肉与配料同入锅中，调入调味汁，迅速颠翻，使芡汁均匀包裹，随后出锅即可。整个炒制过程，时间要短，操作要迅速。

❖ 滑炒的优点

其一，上浆能保护食材的营养物质不过多流失；其二，操作简便；其三，成品鲜嫩，调味采用一次性调入芡汁的方式。

清炒

清炒是为了突出本味，大多原料单一，即便有配料，也只是起到点缀的作用。一般选择新鲜脆嫩或者鲜味充足的食材，比如时令蔬菜、猪里脊、鸡腿肉等。传统清炒无芡汁，或根据不同需求，用少量的水淀粉勾芡，达到有芡但不见芡的状态。常见的清炒菜品有清炒西蓝花、清炒蛤蜊、豆油清炒肉片等。

❖ 清炒的注意事项

清炒时只需断生，不必炒得太熟，这样才能保证菜色及口感最佳。动物性食材要去除筋、骨、皮，并上浆，再经水焯或滑油处理，最后用大火速炒即可。

❖ 清炒的优点

清炒操作简单，时令蔬菜经简单调味便清香可口，油质能促进脂溶性营养物质的吸收。

干炒

干炒是将小型原料经调味品拌腌后，放入油锅中迅速翻炒，炒到外面焦黄时，再加配料及调味品同炒，待味汁被主料吸收后，即可出锅。干炒菜肴的一般特点是干香、酥脆、略带麻辣，如干煸四季豆、干煸肥肠等。

干炒根据食材不同，有以下三种炒法：

其一，先挂糊、后过油使其制干，最后炒制调味，常见于肉类、鱼类等。

其二，直接过油，将其炸干，最后炒制，常见于肉类、豆制品等。

其三，直接炒制，常见于质地干的食材。

软炒

软炒是烹炒泥蓉原料或泥蓉制品时，要求成品口感柔软鲜嫩常用的操作方法。软炒的原料通常加工成泥蓉性食材、液体原料或粥状食材，选料荤素均可。芙蓉鸡片、大良炒鲜奶等都是软炒菜品的典型。

❖ 软炒的注意事项

其一，泥蓉制品调和成粥状后，可用温油直接炒制，或用温油摊吊成片后另行炒制，也可将粥状原料泼滑入温油中成片后另行炒制。

其二，有些粥状原料入锅后，要立即用勺或铲急速推动，使其全部均匀受热凝结，以免粘挂锅边。如有粘挂现象，应立刻用锅中温油沿锅边点下，然后推入锅中使其凝结。

其三，根据食材材质不同，将其炒成棉絮状即可，如过分推搅，会脱水变老，菜品的口感自然变差。

其四，软炒菜肴的用油量要准确，过多则腻，过少则糊。

其五，部分粥状主料入锅前要搅动，以避免淀粉沉淀，影响菜品质量。

❖ 软炒的优点

软炒能使各类食材都呈现鲜香、软嫩的口感，菜品一般比较精致美观。改刀呈泥蓉状后，食材更容易消化，营养也能被充分吸收。

抓炒

传统的抓炒菜肴有抓炒虾仁、抓炒里脊等，主料多选用质地鲜嫩或脆嫩、鲜味充足的动物性食材，通常将其加工成较厚的片或块。

❖ 抓炒的注意事项

其一，食材经刀工处理后必须进行浆糊处理，糊不能过厚，薄薄的一层足矣。

其二，用手抓时要抓透、抓匀。

其三，过油时可以逐片入锅，要炸透至焦黄捞出沥油。

其四，炒制时勾芡要迅速，芡汁多为软流芡，即芡量要少，能包裹住主料即可。

❖ 抓炒的优点

抓炒能充分保证食材的鲜嫩美味，浆糊包裹使其营养较少流失，口味多为糖醋味型。

火候掌握学问大

所谓火候，是指在烹饪过程中，根据菜肴原料的老嫩硬软与厚薄大小，以及菜肴的制作要求，采用的火力大小与时间长短。烹饪时，一方面要从燃烧烈度鉴别火力大小，另一方面要根据原料质地掌握成熟时间的长短，两者统一，才能做出美味的菜肴。

 掌控火候是烹饪的关键。一般来说，火候可分为大火、中火、小火、微火四种。

大火

大火是最强的火力，用于"抢火候"的快速烹制，可以减少菜肴在加热时间里营养成分的损失，并能保持原料的鲜美脆嫩，适用于熘、炒、炸、爆、蒸等烹饪方法。

中火

中火也称文武火，有较大的热力，适用于烧、煮、炸、熘等烹饪手法。

小火

小火也称慢火、文火，火焰较小，火力偏弱，适用于煎等烹饪手法。

微火

微火也称弱火，热力小，一般用于酥烂入味的炖、焖等菜肴的烹调。

火候与原料的关系

质地软、嫩、脆的原料多用旺火速成，老、硬、韧的原料多用小火长时间烹调。如果在烹调前通过初步加工改变了原料的质地和特点，那么火候运用也要改变，如原料切细、走油、焯水等都能缩短烹调时间。原料数量的多少，也和火候大小有关，数量越少，火力相对就要减弱，时间就要缩短。另外，原料形状与火候运用也有直接关系。整体形状大块的原料在烹调过程中，由于受热面积小，需长时间才能成熟，火力不宜过旺；而碎小形状的原料因其受热面积大，急火速成即可成熟。

火候与传导方式的关系

在烹调中，火力传导是使烹调原料发生质变的决定因素。传导方式是以辐射、传导、对流三种传热方式进行的。传热又分无媒介传热和有媒介传热，一般的传热媒介有水、油、蒸气、盐、砂粒等。不同的传热方式直接影响着烹调中火候的运用。

炒法以油为主要导热体，靠对流作用传递热量，可从油受热后在锅中的状态与变化来判断油温的高低。三四成热的低温油，油温为90℃～120℃，油面泛白泡，但未冒烟；五六成热的中温油，油温为150℃～180℃，油面翻动，青烟微起；七八成热的高温油，油温为200℃～240℃，油面转平静，青烟直冒。不同的油类，其发烟点略有差异。

火候与烹调技法的关系

烹调技法与火候运用密切相关。炒、爆、炸等技法多用旺火速成。烧、炖、煮、焖等技法多用小火长时间烹调。但根据菜肴的要求，每种烹调技法在火候运用上也并非一成不变，只有在烹调中综合各种因素，才能准确地掌握火候。

翻勺翻锅的技巧

翻勺是烹饪的重要基本功之一，翻勺技术功底的深浅可直接影响菜肴的质量。炒勺置火上，料入炒勺中，原料由生到熟只不过是瞬间变化，稍有不慎就会失误。因此，翻勺翻锅的技巧对菜品质量至关重要，是制作小炒不可不知的学问。

翻勺是指将原料在勺内娴熟、准确、及时、恰到好处地翻动，从而使菜肴受热成熟、入味、着色、着芡、造型等达到质量要求的一项技术。

翻勺可适应多种烹调方法和菜肴的需要，加快烹调速度，适用于旺火速成的炒、爆等烹调方法，保持菜肴的鲜、嫩、脆等特点。翻勺可使原料不断移动变位，能在高温条件下和短暂的时间内，防止粘锅糊底，使菜肴受热均匀，成熟一致，调味全面，色泽相同，避免生熟不均、老嫩不一的情况，确保菜肴形态美观。翻勺能使菜肴和芡汁交融，均匀地附在主辅料上，起到除腥解腻、提鲜增香等作用。因此，翻勺对小炒菜品的质量至关重要。

在烹饪过程中，要使原料成熟一致、入味均匀、着色均匀、挂芡均匀，除了用手勺搅拌以外，还要用翻勺的方法达到上述要求。实际操作中，往往根据原料形状不同、成品形状不同、着芡方法不同、火候要求不同、动作程度不同等因素，将翻勺技术分为小翻勺、大翻勺、晃勺、悬翻勺、助翻勺几种。

小翻勺

小翻勺也称颠勺，是一种常见的翻勺方法，主要适用于数量少、加热时间短、散碎易成熟的菜肴。具体操作是：左手握勺柄或锅耳，以灶口边沿为支点，勺略前倾将原料送至勺前半部，快速向后拉动到一定位置，再轻轻用力向下拉压，使原料在勺中翻转，然后将原料送到勺的前半部再拉回翻转。如此反复，做到勺不离火，敏捷快速，翻动自如。

例如用爆法制作的宫爆鸡丁，此菜是着芡调味同时进行，制作时必须用小翻勺的技法来完成，使菜肴达到入味均匀、紧汁抱芡、明油亮芡、色泽金红的效果。

又如清炒肉丝，原料入勺后用小翻勺技法不停地翻动原料，同时加入调味品，使肉丝受热、入味均匀一致，成菜鲜滑软嫩。

大翻勺

大翻勺是将勺内原料一次性进行180°翻转，从而达到"底朝天"的效果。其方法是左手握勺柄或锅耳，晃动勺中菜肴，然后将勺拉离火口并抬起，随即送向右上方，将勺抬高与灶面呈60°～70°角，在扬起的同时用手臂轻轻将勺向后勾拉，使原料腾空向后翻转。

这时菜肴对大勺会产生一定的惯力，为减轻惯力要顺势将勺与原料一同下落，角度变小接住原料。上述拉、送、扬、翻、接一整套动作的完成，要一气呵成，不可停滞分解。大翻勺适用于整形原料和造型美观的菜肴。

晃勺

晃勺是用左手握勺柄或锅耳，通过手腕的力量将大勺按顺时针或逆时针进行有规律的旋转，通过大勺的晃动带动菜肴在勺内的转动。菜肴通过晃勺可达到：

（一）调整勺内原料的受热、汁芡、口味、着色，使之均匀一致，避免原料糊底。

（二）由于晃勺的作用，使淋入的油分布更均匀，减少原料与勺的摩擦，增强润滑度。

（三）由于勺与主料产生摩擦，使部分菜肴的表面亮度增强。

悬翻勺

悬翻勺的方法是左手握勺柄或锅耳，在恰当时机将大勺端离火源，手腕托住大勺略前倾，将原料送至勺的前半部。向后勺拉时，前端翘起与手勺协调配合快速将原料翻动一次。由于勺内原料翻动及整套动作均在悬空中进行，所以称悬翻勺。

用爆、炒、熘等方法烹饪数量较少的菜肴，盛菜时多用悬翻勺，具体方法是在菜肴翻起尚未落下时，用手勺接住一部分下落的菜肴放入盘中，另一部分落回大勺内。如此反复，一勺一勺地将菜肴全部盛出。

助翻勺

助翻勺是用左手握勺柄和锅耳，右手持手勺在炒勺上方里侧，在拉动大勺翻动菜肴的同时，用手勺由后向前推动原料使之翻动。这种方法适用于其他方法难以翻动的菜肴，并配合小翻、悬翻技法的操作。如制作拔丝菜，挂糖浆时虽是用悬翻勺来完成，但操作时必须用助翻的方法配合使原料翻动，在推动原料翻起的一刹那，将手勺插入尚未落下的菜肴底部，当菜肴落在手勺处时，将其分开落入勺内。如此反复连贯的动作，才能使糖浆挂得更匀更好。

上述的翻勺方法是烹饪菜肴时常用的几种方法，具体操作时应用哪种翻勺方法更合适，要因菜、因人、因环境等要素而定。需要强调的是，有些菜肴在烹制时用一种翻勺方法很难达到最佳效果，必须几种方法密切配合，灵活运用是关键。

常用调味料介绍

　　调味料，也称佐料，是指少量被用来加入其他食物中以改善菜品味道的食品成分。调味料不但给菜肴增添了酸、甜、咸、鲜等味道，有些还能起到杀菌、祛腥、增香的作用。下面就给大家介绍一下常用调味料的用法。

食盐

　　食盐在烹调中的主要作用是调味和增强风味。炒菜时盐一定要晚放，要达到同样的咸味，晚放盐比早放盐用的盐量要少一些。如果过早放盐，盐分会深入食材内部，在同样的咸度感觉下不知不觉摄入了更多盐分，对健康不利。

糖

　　在烹调中添加糖，可提高菜肴甜味，抑制酸味，缓和辣味。如果以糖着色，待油锅热后放糖炒至紫红色，再放入主料一起翻炒；如果只是以糖为调料，则在炒菜过程中放入即可。而在烹调糖醋鱼、糖醋藕片等菜肴时，应先放糖后放盐。

醋

　　醋不仅能祛膻、除腥、解腻、增香和软化蔬菜纤维，还能避免高温对原料中维生素的破坏。烹饪时放醋的最佳时间在"两头"。有些菜肴，如炒豆芽，原料入锅后马上加醋；而有些菜肴，如葱爆羊肉，原料入锅后加一次醋，其作用是祛膻、除腥，出锅前再加一次，以解腻、增香、调味。

蚝油

　　蚝油是鲜味调料，用途广泛，适合烹制多种食材，凡是呈咸鲜味的菜肴均可用蚝油调味。蚝油也适用于多种烹调方法，既可直接作为调料蘸点，也可用于焖、扒、烧、炒、熘等。蚝油若久煮会失去鲜味，并使蚝香味逃逸，一般在菜肴即将出锅前或出锅后趁热加入蚝油调味为宜。

料酒

　　料酒主要用于去除鱼、肉的腥膻味，增加菜肴的香气。料酒应在整个烧菜过程中锅内温度最高时加入，腥味物质能被乙醇溶解并一起挥发掉。而新鲜度较差的鱼、肉，应在烹调前先用料酒浸一下，让乙醇浸入到鱼、肉的纤维组织中，以除去异味。

胡椒粉

胡椒粉辛辣芳香，常用于祛腥增香，还有除寒气、消积食的作用。胡椒粉分黑胡椒粉和白胡椒粉两种。黑胡椒粉的辣味比白胡椒粉强烈，香中带辣，祛腥提味，更多地用于烹制内脏、海鲜类菜肴；白胡椒粉的药用价值较大，可散寒、健胃、增食欲、促消化。

五香粉

五香粉是将五种以上的香料研磨成粉混合在一起，常用于煎、炸前涂抹在肉类上，也可与细盐混合作蘸料之用，广泛用于辛辣口味的菜肴，尤其适合烘烤或快炒肉类，以及炖、焖、煨、蒸、煮等菜肴的烹饪。

咖喱粉

咖喱粉是用多种香料配制研磨而成的一种粉状香辛调味品，色黄味辣，别具风味。有些人烹饪时直接将咖喱粉加在菜肴里，这是不正确的。因为咖喱粉味虽辛辣，但香气不足，并带有一种药味。正确的使用方法是在锅中放些油，加点姜、蒜等一起炒，将其炒成咖喱油。

沙茶酱

沙茶酱色泽淡褐，呈糊酱状，具有大蒜、洋葱、花生米等复合香味，虾米、生抽的复合鲜咸味，以及轻微的甜、辣味。沙茶酱适用于鸡、鸭、牛、羊肉的辅助炒、炖、卤料，也是各式火锅的增味蘸料。

酱油

酱油可增加食物的香味，并使其色泽更加亮丽，从而增进食欲。炒蔬菜时一定要先关火，再加酱油，否则酱油的营养成分会被破坏，失去鲜味，其中所含的糖分还会因高温变化而产生酸味。

味精

味精能给植物性食物以鲜味，给肉类食物以香味。味精在70℃～90℃时放效果最好，因此一定要在菜起锅前放。当受热到120℃以上时，味精会变成焦化谷氨酸钠，不仅没有鲜味，而且含有毒性。

如何炒蔬菜保留更多营养素 COOK

　　蔬菜是人们日常生活中不可缺少的食品，它所含的丰富维生素、矿物质、纤维素，是其他食品望尘莫及的。然而，这些重要的营养物质，在烹调过程中极易受到破坏损失。那么，如何炒蔬菜才能保留更多营养素呢？

先洗后切减少营养流失

　　蔬菜里的维生素、矿物质易溶于水，故蔬菜宜先整洗后切，且不要切得过于细碎，切后不要再放水里浸泡，以减少蔬菜与水和空气的接触面积，避免营养损失。洗好后的蔬菜，放置时间也不宜过长，以免维生素被破坏。

急火快炒营养更全

　　为防止加热时维生素被破坏，炒蔬菜的时间不宜过长，尤其是绿叶蔬菜，应采用急火快炒的方法，即加热温度为200℃～250℃，加热时间不超过5分钟。这样可以在短时间内将蔬菜炒熟，倘若时间过久，不但营养成分容易损失，菜也被焖黄了。

　　据测定，绿叶蔬菜用急火快炒的方法，可使维生素C保存率达到60%～80%，维生素B_2和胡萝卜素可保留76%～94%；而用煮、炖、焖等用时较长的烹饪方法，蔬菜的维生素C损失较大。急火快炒，由于温度高、翻动勤、受热均匀，故成菜时间短，可防止蔬菜细胞组织失水过多，避免可溶性营养成分的损失，同时叶绿素破坏少、原果胶物质分解少，从而使蔬菜既质地脆嫩、色泽翠绿，又保留了较多的营养成分。

　　炒菜时加点醋可减少维生素B_1、维生素B_2和维生素C的损失。炒蔬菜不宜过早放盐，否则菜不仅不容易熟，还会出现较多的菜汁，一些维生素和无机盐也会同时析出。此外，烹调蔬菜的炊具不宜用铜器，因为维生素C在铜制器皿中更易氧化。实验证明，用铜锅炒菜损失维生素C最多，铁锅损失最少。因此，炒菜宜用铁锅。

好菜不宜久留

　　为了节省时间，有些人喜欢提前把菜烧好，然后在锅里温着等家人回来吃或下顿热着吃。然而，蔬菜中的维生素B_1在烧好后温热的过程中，至少会损失25%。

　　例如，烧好的菜心若温热15分钟，维生素C可损失25%，保温30分钟会再损失10%，若延长至1小时，会再损失20%，共计损失55%。那么，人体从蔬菜中摄入的维生素就所剩无几了。

　　因此，已经炒好的蔬菜应做现吃，避免反复加热。这不仅是因为营养素会随储存时间延长而丢失，还在于硝酸盐的还原作用会增加亚硝酸盐含量。

把肉炒得好吃的若干小窍门

炒肉是餐桌上必备的菜品，但实际上很多人做出来的炒肉并不好吃，口感发柴且很硬。想要做出嫩滑的炒肉，就要让肉在出锅后依然保持充足的水分。肉中所含水分的多少是决定其好吃与否的关键，水分充足的炒肉才软嫩弹牙。那么，下面就介绍一下怎样才能让肉保持充足的水分。

抓水入肉

首先把肉切成均匀的肉丝或肉片，每半碗肉加大约两汤匙的清水，用手反复轻抓，这样能让肉丝或肉片把水分吸收到肉里面。具体加多少清水，要根据肉的种类和数量而定，因为不同肉类的吸水能力是不同的。

抓味入肉

把清水完全抓到肉里以后，即碗里看不到多余的清水时，就可以加入少许盐和调味料再次抓匀，给肉丝或肉片入点底味。

油膜锁水

盐和调味料抓匀后再倒少许食用油，轻轻抓匀，让肉丝或肉片的表面形成一层薄薄的油膜。这层油膜是让肉软嫩的关键，能锁住肉里的水分，让肉刚刚吸收到的水分不容易流失。

淀粉上浆

接着，放少许干淀粉在碗里，把干淀粉也与肉一起抓匀。需要注意的是，干淀粉的量不能过多，抓匀后以看不到淀粉存在为宜，如果放多了，炒的时候就容易粘锅了。干淀粉的作用是让肉质软嫩弹牙，同时吸收汤汁里的味道，让炒出来的肉丝或肉片更加入味。

炒前腌制

完成上述四个步骤后，还要将肉稍作腌制。具体腌制多长时间，与肉丝的粗细、肉片的厚度有关，如果不是太粗或太厚，一般腌制20分钟即可入锅炒制。

大火快炒

当炒锅的油温为五六成热时，即可倒入腌制好的肉丝或肉片，转大火快速爆炒。

如果肉丝或肉片没有经过上述步骤的处理，炒起来就需要比较高的技巧了，火候要掌握得恰到好处才行。相反，经过上述五个步骤的处理后，只要用大火快炒就可以了，即便不能很好地掌握火候，也能炒出软嫩弹牙的肉丝或肉片。

另外，炒肉时不要太早放盐，这样可缩短盐对肉的作用时间，减少肉的脱水量。

除了上述操作，还有一些小窍门能把肉炒得更香、更美味：

其一，先汆后炒。将切好的肉片或肉丝放在漏勺里，浸入开水中烫1~2分钟，肉稍一变色立刻捞出来，再下锅炒3~4分钟，即可炒熟，由于炒的时间短，吃起来鲜嫩可口。

其二，放点冷水。将肉片或肉丝快速倒入高温的油锅里翻动几下，等肉变色时，往锅里滴几滴冷水，让油爆一下，再放入调料翻炒，这样炒出来的肉更加嫩滑。

让鱼虾蟹贝鲜而不腥的炒法

鱼、虾、蟹、贝等水产海鲜含丰富的蛋白质和微量元素，并且油脂少、不肥腻，因此成了餐桌上的宠儿。用炒法来烹饪水产海鲜，不但保持了丰腴的口感，而且用时短、上桌快，广受大众欢迎。然而，水产品往往带有较重的腥味，炒制时要注意搭配一些祛腥提鲜的调料同炒。

与葱同炒

炒制水产品，葱几乎是不可或缺的。葱含有具有刺激性气味的挥发油和辣素，能祛除腥膻等油腻厚味菜肴中的异味，产生特殊香气，并有较强的杀菌作用，可以刺激消化液的分泌，增进食欲。

与姜同炒

烹制水产海鲜，生姜也是必不可少的调料。有些菜肴要用姜丝作配料同烹，而火工菜肴（如炖、焖、煨、烧、煮、扒等）宜用姜块或姜片祛腥解膻，一般炒菜则可用姜米起鲜。还有部分菜肴不便与姜同烹，又要祛腥增香，使用姜汁是比较适宜的，如制作鱼丸、虾丸，就是用姜计祛腥的。制作姜汁的方法是，将姜块拍松，用清水泡一段时间（一般还需要加入葱和适量的料酒同泡），便成了所需的姜汁。

另外，水产海鲜多为寒性食品，炒制时加入少许姜，不但能祛腥提鲜，而且有开胃散寒、增进食欲的作用。

烹入料酒

料酒一般用黄酒作为原料，加上桂皮、花椒、大料、砂仁等香辛料加工而成，通常成品的酒精浓度在10°～15°，由于酒精度数低，既有黄酒的营养，又有辛香料，因而在烹调水产海鲜时能很好地起到增香提味、祛腥去膻的作用。

一般来说，急火快炒的菜肴，烹调中最合理的用酒时间，应该是锅内温度最高的时候。这是因为酒中的乙醇在高温环境中存留的时间短，腥味物质能被乙醇溶解并一起挥发，脂肪酸又易于同乙醇结合，生成具有芳香的酯类化合物。当然，不同的小炒菜品在用酒上有一定的差异。如煸炒肉丝，料酒应在煸炒刚完毕的时候放；而油爆大虾，最好在油热后放入大虾，随即马上烹酒，这样酒一喷入，立即爆出响声，并冒出一股香气。

至于料酒的用量，腥味比较重的食材，炒的时候可多放一点。比如炒鱿鱼，一般200克鱿鱼放20毫升料酒，而且要等锅中温度相对高时下入，这样才能很好地让酒精挥发而不影响菜品的口味。

在炒制脂肪含量较多的鱼类时，可加入少许啤酒，这样有助于脂肪溶解，使菜肴鲜而不腥、香而不腻。

美味小炒 STIR-FRY

莴笋　茄子　土豆　茼蒿　菠菜　菜心　上海青　包菜

PART 2

蔬菜篇：
新鲜蔬菜演绎田园风味

琳琅满目的蔬菜是大自然对人类无私的馈赠，
每一种新鲜蔬菜都包含人体所需的营养。
一起来烹饪妙不可言的小炒，
将大自然的慷慨馈赠，
转化为一道道令人怦然心动的诱人美食。

包菜

[别名] 卷心菜、圆白菜

保健功效

包菜富含维生素C、维生素E和胡萝卜素等，具有很好的抗氧化及抗衰老作用；富含维生素U，对溃疡有很好的治疗作用，能加速愈合，还能预防胃溃疡恶变；含有的热量和脂肪很低，但是维生素、膳食纤维和微量元素的含量却很高，是一种很好的减肥食物。

营养分析含量表

（每100克含量）

22kcal	热量
1.5g	蛋白质
0.2g	脂肪
3.6g	碳水化合物
1g	膳食纤维
12μg	维生素A
49mg	钙
12mg	镁

选购保存

选购结球紧实、修整良好，无老帮、焦边和无病虫害损伤的包菜较佳。将包菜心挖除，用蘸湿的白纸塞入其中，再用保鲜膜包起来，放入冰箱冷藏室保存。

清洗方法

水里加适量的碱，用手搅匀，将包菜切开，放进碱水中浸泡15分钟，冲洗几遍后沥干水分即可。

刀工处理：切丝

1.取一块洗净的包菜，将嫩心切除。

2.凸面朝上，用菜刀切丝。

3.将整个包菜切成均匀的细丝即可。

特别提示

食用包菜时，有一种特殊的气味，去除的方法是在烹调时加些韭菜和大葱，用甜面酱代替辣椒酱，经这样处理，菜可变得清香爽口。做熟的包菜不要长时间存放，否则亚硝酸盐沉积，容易导致中毒。

手撕包菜

⏲ 时间：5分钟

[原料]

包菜·····················300克
蒜末·····················15克
干辣椒·····················少许

[调料]

盐·····················3克
味精·····················2克
鸡粉·····················适量
食用油·····················适量

[做法]

1　将洗净的包菜菜叶撕成片。

2　炒锅置旺火上，注入食用油，烧热后倒入蒜末爆香。

3　倒入洗好的干辣椒炒香，倒入包菜，翻炒均匀。

4　淋入少许清水，继续炒1分钟至熟软。

5　加入盐、鸡粉、味精，翻炒至入味，盛入盘中即成。

 TIPS

包菜炒至断生即可，不可炒太熟；可以根据个人口味加点糖调味。

扫一扫看视频

白菜

[别名] 黄芽菜、绍菜

保健功效

白菜的营养元素能够提高机体免疫力，有预防感冒及消除疲劳的功效。白菜中的钾能将盐分排出体外，有利尿作用。白菜中含有丰富的维生素C、维生素E，多吃白菜，可以起到很好的护肤和养颜效果。

营养分析含量表
（每100克含量）

17kcal	热量
1.5g	蛋白质
0.8g	膳食纤维
20µg	维生素A
0.6µg	胡萝卜素
50mg	钙
11mg	镁
0.38mg	锌

选购保存

以外观完整、色彩鲜嫩、饱满坚实、内部蓬松的为佳。冬天保存白菜，如果温度在0℃以上，可在白菜叶上套上塑料袋，口不用扎，根朝下戳在地上即可。

清洗方法

取一盆清水，加入适量的食盐，搅匀，将白菜放入盐水中，浸泡15分钟左右，再用清水洗干净，沥干水分即可。

刀工处理：切块

1. 取洗净的白菜，按适当宽度切块。
2. 将白菜依次切成均匀的卷状。
3. 将白菜打散。
4. 将稍大的菜卷切成两半。
5. 把菜卷切开。
6. 把菜卷切成大小均匀的块状即可。

特别提示

老白菜帮太硬，可以把白菜帮里的淡黄或白色的硬筋从内侧抽出，这样吃起来口感会好一些。切白菜时，宜顺丝切，这样白菜易熟。白菜不宜用煮、焯、浸烫、挤汁等方法烹调，否则营养损失较大。

炒白菜头

 时间：8分钟

[原料]

白菜·····················500克
干红辣椒···············25克
姜末·····················少许
香菜·····················少许

[调料]

盐·······················少许
醋·······················少许
白糖·····················少许
酱油·····················适量
料酒·····················5毫升
水淀粉···················适量
食用油···················适量

[做法]

1　白菜洗净，用刀切成四瓣；干红辣椒洗净，切成段。

2　油烧热，放入干辣椒炸至变色。

3　下姜末及白菜快炒，加入醋、酱油、白糖、盐、料酒调味。

4　煸炒至白菜呈金黄色时，加入水淀粉勾芡，出锅装盘，点缀上香菜即成。

TIPS

白菜不宜炒制太久，以免破坏其营养。

上海青

[别名] 油菜、小棠菜、青江菜

保健功效

上海青中所含的植物激素能够增加酶的形成，可在一定程度上消除人体内的致癌物质，故有防癌功效。上海青含有大量的植物纤维素，能促进肠道蠕动，增加粪便的体积，缩短粪便在肠腔内停留的时间，有助于治疗多种便秘，预防肠道肿瘤。上海青还含有胡萝卜素和维生素C，有助于增强机体免疫能力。

营养分析含量表
（每100克含量）

23kcal	热量
1.8g	蛋白质
2.7g	碳水化合物
1.1g	膳食纤维
103μg	维生素A
1μg	胡萝卜素
36mg	维生素C
210mg	钾

选购保存

挑选叶色较青、新鲜、无虫害的上海青为宜。上海青买回家若不立即烹煮，可用报纸包起，放入塑胶袋中，在冰箱冷藏室保存。

清洗方法

将上海青的叶一片片摘下，放进洗菜盆里，加入清水和食盐，将水搅匀，浸泡大约5分钟，用手抓洗，再放在流水下冲洗干净，沥干水分即可。

刀工处理：切段

1.取洗净的上海青，将根部切除。

2.将根部修齐。

3.纵向从中间切开。

4.把所有的上海青都切成两半。

5.将切好的上海青拦腰切成两段，装盘备用即可。

特别提示

烹饪时可将上海青的梗剖开，以便更入味。食用上海青时要尽量现做现切，并用旺火爆炒，这样既可保持鲜脆，又可使其营养成分不被破坏。

小炒上海青

 时间：5分钟

[原料]

上海青·····················350克
花菇·························3个
腊肉·······················150克
蒜片·······················少许

[调料]

盐···························1克
鸡粉·························1克
食用油·······················适量

[做法]

1 泡好的花菇去掉菌柄，对半切开；腊肉切片；洗净的上海青切两段。

2 腊肉、花菇分别入沸水锅中略煮，捞出，沥干，装盘待用。

3 起油锅，倒入蒜片，爆香，放入腊肉，炒约1分钟至散出香味，倒入花菇，炒匀。

4 放入切好的上海青，炒约1分钟至断生，加入盐、鸡粉，翻炒1分钟至入味，盛出即可。

 TIPS

扫一扫看视频

可先将花菇煎炒出香味再放入上海青，味道更佳。

菜心

「别名」菜薹、广东菜

保健功效

菜心富含粗纤维、维生素C和胡萝卜素，不但能够刺激肠胃蠕动，起到润肠、助消化的作用，对护肤和养颜也有一定的作用。菜心中的钙、磷等元素，还能促进骨骼发育。

营养分析含量表

（每100克含量）

25kcal	热量
2.8g	蛋白质
2.3g	碳水化合物
1.7g	膳食纤维
160μg	维生素A
1.4μg	胡萝卜素
96mg	钙
19mg	镁

选购保存

以新鲜、表皮光亮、脆嫩、无虫蛀的菜心为佳。菜心适宜存放于阴凉、干燥、通风处，可保存1～2天；也可用保鲜袋装好放入冰箱冷藏，2℃～5℃温度下可存放3～5天。

清洗方法

将菜心放进水盆里，加入少许的食盐，用手搅匀，浸泡15分钟左右，用手抓洗菜心片刻，再将菜心冲洗干净，沥干水分即可。

刀工处理：切大段

1.取洗净的菜心，将分叉以下部位的梗斜切掉。

2.将菜心叶斜切掉。

3.一边旋转菜心，一边斜切菜心叶。

特别提示

菜心宜用大火爆炒，但不宜与醋搭配，否则会破坏营养价值。边炒边滴入几滴开水，不仅使菜心易熟，还可以保持翠绿的颜色。

远志炒菜心

 时间：35分钟

[原料]

菜心······················500克
远志························8克
夜交藤······················10克
松仁······················少许

[调料]

盐························2克
白糖························2克
鸡粉························2克
食用油······················适量
水淀粉······················适量

[做法]

1 砂锅中注入适量的清水烧热，倒入远志、夜交藤，盖上锅盖，大火煮30分钟至析出成分，掀开锅盖，滤出煮好的药汁装入碗中待用。

2 热锅中注油，倒入洗净的菜心，翻炒片刻。

3 倒入熬煮好的药汁，加入盐、白糖、鸡粉，再倒入少许水淀粉，翻炒匀。

4 放入松仁，快速翻炒匀，关火，将炒好的菜心盛出装入盘中。

扫一扫看视频

TIPS

熬煮的药汁可以煮得浓一点，功效会更好。

芥蓝

[别名] 卷叶菜、甘蓝菜

保健功效

芥蓝中含有机碱，这使它带有一定的苦味，能刺激人的味觉神经，增加食欲，还可加快胃肠蠕动，有助消化。芥蓝中另一种独特的苦味成分是金鸡纳霜，能抑制过度兴奋的体温中枢，起到消暑解热作用。芥蓝中还含有大量膳食纤维，能防治便秘、降低胆固醇、软化血管、预防心脏病等。

营养分析含量表
（每100克含量）

19kcal	热量
2.8g	蛋白质
128mg	钙
1mg	碳水化合物
1.6g	膳食纤维
1.3mg	锌
76mg	维生素C
2mg	铁

选购保存

选择芥蓝时最好选秆身适中的，过粗即太老，过细则可能太嫩，且以节间较疏、薹叶细嫩浓绿的为佳。芥蓝不易腐坏，以纸张包裹后放入冰箱可保存约2周。

清洗方法

取一盆清水，加入适量的食盐，用手搅匀，将芥蓝放入水中，浸泡15分钟左右，再放在流水下冲洗干净，沥干水分即可。

刀工处理：切整棵

1. 取洗净的芥蓝，将梗上的叶斜切掉。
2. 把靠近根部的梗切掉。
3. 用刀斜切梗上的叶片，一边滚动一边斜切。
4. 将芥蓝摆放整齐，用刀将一端切平整。
5. 将芥蓝依次切同样的整棵状即可。

特别提示

芥蓝有苦涩味，炒时加入少量糖和酒，可以改善口感。同时，加入的汤水要比一般菜多一些，炒的时间要长些，因为芥蓝梗粗不易熟透，烹制时挥发水分必然多些。

蒜蓉炒芥蓝

时间：3分钟

[原料]

芥蓝··········150克
蒜末··········少许

[调料]

盐··········3克
鸡粉··········少许
水淀粉··········适量
芝麻油··········适量
食用油··········少许

[做法]

1. 将洗净的芥蓝切除根部。
2. 锅中注入适量清水烧开，加入少许盐、食用油，略煮一会儿。
3. 倒入切好的芥蓝，搅散，焯煮约1分钟，捞出沥干。
4. 用油起锅，撒上蒜末，爆香，倒入焯过水的芥蓝。
5. 炒匀炒香，注入少许清水，加入少许盐，撒上鸡粉。
6. 炒匀调味，再用水淀粉勾芡，滴上芝麻油，炒匀炒透，关火后盛在盘中，摆好盘即可。

扫一扫看视频

TIPS

调味时可撒上少许白糖，这样能减轻菜肴的苦味。

芹菜

[别名] 旱芹、香芹、蒲芹

保健功效

芹菜含有利尿有效成分，能消除体内钠的潴留，利尿消肿。芹菜是高纤维食物，它经肠内消化作用产生木质素，对肠内细菌产生的致癌物质有抑制作用。芹菜含铁量较高，能补充妇女经血的损失，食之能避免皮肤苍白、干燥、面色无华，而且可使目光有神，头发黑亮。

营养分析含量表
（每100克含量）

14kcal	热量
0.8g	蛋白质
0.1g	脂肪
2.5g	碳水化合物
1.4g	膳食纤维
10μg	维生素A
12mg	维生素C
2.21mg	维生素E

选购保存

要选色泽鲜绿、叶柄厚、茎部稍呈圆形、内侧微向内凹的芹菜。芹菜买回来后捆好，用保鲜袋或保鲜膜将茎叶部分包严，再将芹菜根部朝下竖直放入清水盆中。

清洗方法

将去叶的芹菜放在盛有清水的盆中，加适量的食盐，拌匀后浸泡10～15分钟，用软毛刷刷洗芹菜秆，再用流动水冲洗2～3遍，沥干水即可。

刀工处理：切段

1.将洗净的芹菜摆放好，一端对齐。
2.用刀横向切段。
3.以此法将芹菜全部切完。

特别提示　烹饪时先将芹菜放入沸水中焯烫，焯水后马上过凉，除了可以使成菜颜色翠绿，还可以减少炒菜时间。芹菜有降血压作用，故血压偏低者少食。

香芹辣椒炒扇贝　⏱ 时间：8分钟

[原料]

扇贝·······················300克
芹菜························80克
干辣椒····················少许
姜片························少许
蒜末························少许

[调料]

豆瓣酱····················15克
盐··························2克
鸡粉························2克
料酒·······················5毫升
水淀粉····················适量
食用油····················适量

[做法]

1 洗净芹菜，切成段；扇贝焯水，煮约半分钟，捞出沥干。

2 把放凉的扇贝置于案板上，取出扇贝肉，放在盘中，待用。

3 用油起锅，放入姜片、蒜末、干辣椒，用大火爆香，倒入芹菜，翻炒至断生。

4 倒入扇贝肉，炒匀、炒透，淋入料酒炒香提味，加入豆瓣酱，翻炒片刻。

5 放入鸡粉、盐，淋入少许水淀粉，炒匀，盛菜装盘即成。

扫一扫看视频

 TIPS

汆煮扇贝时，撒少许食粉和白醋，能有效去除其腥味。

韭菜

[别名] 懒人菜、起阳草

保健功效

韭菜含有大量维生素和粗纤维，能促进胃肠蠕动，辅助治疗便秘，预防肠癌。韭菜的辛辣气味有散瘀活血、行气导滞的作用，适用于跌打损伤、反胃、肠炎、吐血、胸痛等症的食疗。韭菜含有挥发性精油及硫化物等特殊成分，散发出一种独特的辛香气味，有助于疏调肝气、增进食欲、增强消化功能。

营养分析含量表
（每100克含量）

26kcal	热量
2.4g	蛋白质
0.4g	脂肪
3.2g	碳水化合物
1.4g	膳食纤维
235μg	维生素A
42mg	钙
1.6mg	铁

选购保存

宜选择带有光泽、用手抓时叶片不会下垂、结实而新鲜水嫩的韭菜。将韭菜洗干净后，用干净的纸张包裹住，再装进塑料袋中，放在冰箱中冷藏，可保存3天。

清洗方法

清洗韭菜时，先剪掉有很多泥沙的根部，挑除枯黄腐烂的叶子，放入盐水中浸泡一会儿，再用清水清洗干净即可。

刀工处理：切小段

1.取洗净的韭菜摆放整齐，用刀切小段状。
2.用刀依次切同样的小段。
3.将韭菜都切成均匀的小段状即可。

特别提示

韭菜的粗纤维较多，不易消化吸收，所以一次不能吃太多韭菜，否则大量粗纤维刺激肠壁，往往引起腹泻。最好控制在一顿100~200克，最多不能超过400克。

韭菜炒干贝 时间：5分钟

[原料]

韭菜·····················200克
彩椒·····················60克
干贝·····················80克
姜片·····················少许

[调料]

料酒·····················10毫升
盐·······················2克
鸡粉·····················2克
食用油···················适量

[做法]

1 洗净的韭菜切成段；洗好的彩椒切条，装入盘中，备用。

2 热锅注油烧热，放入姜片，倒入洗净泡发的干贝，用大火翻炒出香味。

3 淋入适量料酒，放入彩椒丝，炒匀。

4 倒入韭菜段，炒至熟软，加入适量盐、鸡粉，炒匀调味，装入盘中即可。

TIPS

干贝宜用大火快炒，这样炒好的干贝口感更佳。

扫一扫看视频

蒜薹

「别名」蒜苗、蒜毫、青蒜

保健功效

蒜薹具有明显的降血脂及预防冠心病和动脉硬化的作用，并可防止血栓的形成。蒜薹能保护肝脏，激发肝细胞脱毒酶的活性，可以阻断致癌物亚硝胺的合成，预防癌症的发生。

营养分析含量表
（每100克含量）

37kcal	热量
2.1g	蛋白质
0.4g	脂肪
6.2g	碳水化合物
1.8g	膳食纤维
47μg	维生素A
35mg	维生素C
0.81mg	维生素E

选购保存

应挑选长条脆嫩、枝条浓绿、茎部白嫩的蒜薹，根部发黄、纤维粗的不宜购买。把蒜薹的老叶及黄叶择干净，用保鲜袋装好放入冰箱冷藏，可保鲜1周左右。

清洗方法

取一大盆清水，加入适量的果蔬清洁剂，用手搅匀，将蒜薹放入水中，浸泡10分钟，再放在流水下反复冲洗，沥干水分即可。

刀工处理：切段

1.取洗净的蒜薹，将一端切平整。
2.按适当长度，用刀切段状。
3.依次将蒜薹切成同样长度的段即可。

特别提示　蒜薹不宜烹制过久，以免辣素被破坏，降低杀菌作用。消化能力不佳的人最好少食蒜薹；蒜薹有保护肝脏的作用，但过多食用反而会损害肝脏，可能造成肝功能障碍，使肝病加重。

蒜薹炒牛肉

 时间：15分钟

[原料]

牛肉·······················240克
蒜薹·······················120克
彩椒························40克
姜片························少许
葱段························少许

[调料]

盐··························3克
鸡粉·······················3克
白糖·······················适量
生抽、料酒··················适量
食粉、生粉··················适量
水淀粉·····················适量
食用油·····················适量

[做法]

1 洗净的蒜薹切段；洗好的彩椒切条；洗净的牛肉切细丝。

2 牛肉丝装碗，加入盐、鸡粉、白糖、生抽、食粉、生粉，拌匀，倒入食用油，腌渍约10分钟，至其入味。

3 油锅烧至四五成热，倒入牛肉丝，搅散，用小火滑油半分钟至其变色，捞出，沥干油，待用。

4 锅底留油烧热，倒入姜片、葱段，爆香，放入蒜薹、彩椒，炒匀，淋入料酒，炒匀提味。

5 放入牛肉丝，加盐、鸡粉、生抽、白糖调味，倒入水淀粉勾芡，盛出即可。

 TIPS

扫一扫看视频

蒜薹不宜烹制得过烂，以免其辣素被破坏，从而降低杀菌作用。

菠菜

[别名] 赤根菜、鹦鹉菜

保健功效

菠菜含有大量的植物粗纤维，具有促进肠道蠕动的作用，利于排便。菠菜中所含的胡萝卜素，在人体内会转变成维生素A，能维护视力正常和上皮细胞的健康，提高机体预防传染病的能力，促进儿童的生长发育。菠菜的铁元素含量丰富，对缺铁性贫血有较好的辅助治疗作用。

营养分析含量表
（每100克含量）

24kcal	热量
2.6g	蛋白质
0.3g	脂肪
2.8g	碳水化合物
1.7g	膳食纤维
66mg	钙
58mg	镁
2.9mg	铁

选购保存

要挑选粗壮、叶大、无烂叶和萎叶、无虫害和农药痕迹的鲜嫩菠菜。为了防止菠菜干燥，可用保鲜膜包好放在冰箱里，一般在2天之内食用可以保证其新鲜。

清洗方法

菠菜置于盆中，先用流水冲洗，在水中倒入适量面粉溶于水中，在水中不断搅动，将菠菜叶上的脏物洗掉，捞出后将根部的泥土去除，最后用清水洗净即可。

刀工处理：切长段

1.将菠菜放在砧板上，摆放整齐。

2.把根部切除。

3.将菠菜切成5~6厘米长的段。

特别提示

煮食菠菜前先投入开水中快焯一下，即可除去草酸，有利于人体吸收菠菜中的钙质。菠菜不能和豆腐一起吃，因为菠菜含有大量的草酸，而豆腐则含有钙离子，一旦菠菜中的草酸和豆腐里的钙质结合，就会引起结石，还影响钙的吸收。

培根炒菠菜

 时间：5分钟

[原料]

菠菜·······················165克
培根·······················200克
蒜片·························少许

[调料]

盐···························2克
鸡粉·························2克
料酒·······················5毫升
生抽·······················3毫升
白胡椒粉···················2克
食用油·······················适量

[做法]

1 洗好的菠菜和备好的培根分别切成段，待用。

2 用油起锅，下蒜片爆香，倒入切好的培根，翻炒片刻。

3 加入料酒、生抽、白胡椒粉，翻炒均匀。

4 放入菠菜段，快速翻炒至变软。

5 放入盐、鸡粉，翻炒入味，关火后将炒好的菜盛出装入盘中。

扫一扫看视频

TIPS

蒜片可以多油爆一会儿，味道会更香。

茼蒿

[别名] 蒿子秆、蓬蒿菜

保健功效

茼蒿含有多种氨基酸，有润肺补肝、稳定情绪、防止记忆力减退等作用；含有粗纤维，有助于肠道蠕动，能促进排便，达到通便利肠的目的；含有蛋白质及较高量的钠、钾等矿物质，能够调节体内的水液代谢，消除水肿；含有挥发性精油和胆碱，具有降血压、补脑的作用。

营养分析含量表
（每100克含量）

21kcal	热量
1.9g	蛋白质
2.7g	碳水化合物
1.2g	膳食纤维
252µg	维生素A
18mg	维生素C
220mg	钾
2.5mg	铁

选购保存

以叶宽大、水嫩、深绿色的茼蒿为佳。茼蒿买回来后，用大量的水快速清洗一下并去除溃烂部分，晾干水汽后装入塑料袋，存放在冰箱中。

清洗方法

取一盆清水，加入适量的果蔬清洗剂，将茼蒿放入水中，用手搅出泡沫，浸泡15分钟左右，用手抓洗茼蒿，再放在流水下冲洗干净，沥干水分即可。

刀工处理：切段

1.取洗净的茼蒿，摆放整齐，将根部切除。
2.将茼蒿拦腰切断。
3.将茼蒿切成同样的段状即可。

特别提示 茼蒿中的芳香精油遇热容易挥发，这样会减弱茼蒿的健胃作用，所以烹调时应注意用旺火快炒。茼蒿余汤或凉拌有利于胃肠功能不好的人，与肉、蛋等荤菜共炒可提高其维生素A的利用率。

清炒蒜蓉茼蒿

 时间：10分钟

[原料]

茼蒿·······················400克
蒜·························10克
葱白························5克
生姜························5克
红椒························5克

[调料]

盐·························3克
鸡粉·······················2克
食用油·····················适量

[做法]

1 将茼蒿摘洗干净。
2 蒜去皮洗净，切碎。
3 红椒、生姜、葱白洗净切丝。
4 接着净锅上火，倒油烧热，放入蒜末爆香。
5 再放入茼蒿、姜丝、红椒丝、葱白丝，调入盐、鸡粉，翻炒至熟即可。

TIPS

烹饪此菜时，淋入少许芝麻油，味道会更鲜香。

花菜

[别名] 菜花、花椰菜、椰菜花

保健功效

花菜能很好地补充身体所需的营养成分，提高身体素质和免疫力，具有强身健体的功效。花菜不仅能疏通肠胃，促进胃肠蠕动，还可以降低血压、血脂、胆固醇含量。花菜还具有很好的抗癌功效，被称为"十大绿色蔬菜之一"。

营养分析含量表
（每100克含量）

24kcal	热量
2.1g	蛋白质
0.2g	脂肪
3.4g	碳水化合物
1.2g	膳食纤维
23mg	钙
18mg	镁
1.1mg	铁

选购保存

宜选购花球周边未散开、无异味、无毛花的花菜。花菜放入保鲜袋，置于冰箱冷藏室保存，可保存1周。

清洗方法

将花菜放在水龙头下冲洗，再切成小朵，放进洗菜盆里，注入适量清水，加1勺食盐，浸泡几分钟，捞出后在水龙头下冲洗，沥干即可。

刀工处理：切朵

1.将花菜从中间切开，一分为二。
2.将花菜的根部切去。
3.依着花菜的小柄，将花菜分解成小朵。
4.将每一小朵的柄部切去。
5.最后将较大的花菜对半切成小朵即可。

特别提示

花菜虽然营养丰富，但常有残留的农药，还容易生菜虫，所以在吃之前，可将花菜放在盐水里浸泡几分钟，菜虫就跑出来了，还有助于去除残留农药。花菜的烹制和加盐时间不宜过长，否则会破坏防癌抗癌的营养成分。

草菇花菜炒肉丝 时间：20分钟

[原料]

草菇·····················70克
花菜·····················180克
猪瘦肉···················240克
彩椒·····················少许
西蓝花···················少许
葱段、姜片···············少许
蒜末·····················少许

[调料]

盐·······················3克
生抽·····················4毫升
料酒·····················8毫升
蚝油·····················适量
水淀粉···················适量
食用油···················适量

[做法]

1 草菇对半切开；彩椒切成粗丝；花菜切小朵；猪瘦肉切细丝，加料酒、盐、水淀粉、食用油拌匀，腌渍10分钟。

2 水烧开，加入盐、料酒、草菇，中火煮约4分钟，放入花菜和食用油，煮至断生，倒入彩椒丝，略煮片刻，捞出待用。

3 用油起锅，倒入肉丝，炒至变色，放姜片、蒜末、葱段炒香。

4 倒入焯过水的食材，加入盐、生抽、料酒、蚝油、水淀粉，翻炒入味，装盘，装饰上西蓝花即可。

扫一扫看视频

TIPS

花菜焯煮至变色的时候，就可以捞出来了。

西蓝花

【别名】西兰花、绿花菜

保健功效

西蓝花含大量抗坏血酸，可提高体内杀菌能力，增强免疫力；含有的大量抗氧化剂，如维生素A、维生素E等，能有效吞噬导致衰老的自由基。西蓝花能有效促进人体生长发育，增强记忆力，还能阻止细胞癌变，有效防癌抗癌。

营养分析含量表
（每100克含量）

33kcal	热量
4.1g	蛋白质
0.6g	脂肪
2.7g	碳水化合物
1.6g	膳食纤维
51mg	维生素C
67mg	钙
1mg	铁

选购保存

选购西蓝花注意花球要大、紧实、色泽好，花茎脆嫩，以花芽尚未开放的为佳。直接将西蓝花放在阴凉通风的地方保存，可保存2~3天；放入保鲜袋，再放到冰箱冷藏室保存，可保存1周。

清洗方法

将西蓝花放入清水中，加入适量的食盐，搅匀，浸泡15分钟左右，用手将其清洗干净，再放在流水下冲洗，沥干水分即可。

刀工处理：切朵

1.取洗净的西蓝花，将花朵切下来。

2.用刀将花朵对半切开。

3.按同样的方法，依次将其他的朵切开即可。

特别提示

西蓝花焯水后颜色会变得更加鲜艳，但要注意的是，在烫西蓝花时，时间不宜太长，否则会失去脆感。另外，烹饪西蓝花的时间不宜太长，否则也会影响其爽脆的口感。

西蓝花炒火腿

⏱ 时间：5分钟

[原料]

西蓝花·····················150克
火腿肠······················1根
红椒························20克
姜片·······················少许
蒜末·······················少许
葱段·······················少许

[调料]

料酒·······················4毫升
盐·························2克
鸡粉·······················2克
水淀粉·····················3毫升
食用油·····················适量

[做法]

1 洗净的西蓝花切朵；洗好的红椒斜切成小块；火腿肠切片。

2 水烧开，放入食用油，倒入西蓝花煮1分钟，捞出。

3 用油起锅，倒入姜片、蒜末、葱段，爆香。

4 放入切好的红椒块、火腿肠，炒香。

5 放入西蓝花，翻炒匀，加入料酒、盐、鸡粉，炒匀调味。

6 倒入水淀粉，将锅中食材翻炒均匀，盛出装入盘中。

TIPS

西蓝花的根茎煮的时间较长，所以选用西蓝花做小炒菜时，最好将其去掉，煮汤时用就好了。

土豆

[别名] 洋芋、马铃薯

保健功效

土豆中含有丰富的膳食纤维，有助于促进胃肠蠕动，疏通肠道；含有大量的优质纤维素，具有抗衰老的功效；含有抗菌成分，有助于预防胃溃疡。土豆是低钠食品，很适合水肿型肥胖者食用，加之其钾含量丰富，几乎是蔬菜中最高的，所以还具有瘦腿的功效。

营养分析含量表
（每100克含量）

76kcal	热量
2g	蛋白质
0.2g	脂肪
16.5g	碳水化合物
0.7g	膳食纤维
27mg	维生素C
8mg	钙
23mg	镁

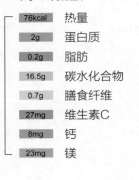

选购保存

应选择个头结实、没有出芽、颜色单一的土豆。土豆应存放在背阴的低温处，切忌放在塑料袋里，否则塑料袋会捂出热气，让土豆发芽。

清洗方法

土豆放在流水下冲洗，并用钢丝球擦洗表皮，将表皮和凹眼处的泥沙擦掉后，再用流动水冲洗干净，沥干水即可。

刀工处理：切丝

1.取一个去皮洗净的土豆。
2.顶刀纵向将土豆切成薄片，直到将整个土豆切完。
3.将切好的薄片叠放整齐。
4.将薄片呈阶梯形摆放整齐。
5.顶刀纵向切成细丝，装盘即可。

特别提示

土豆切开后容易氧化变黑，属正常现象，不会造成危害。可将切开的土豆放入水中浸泡，以防止其变色。

回锅土豆

[原料]

土豆400克，红椒、青椒各50克

[调料]

盐2克，食用油、孜然粉、酱油各适量

[做法]

1 将土豆去皮洗净，切块。

2 烧开水，把土豆放入锅中蒸至六成熟后，取出。

3 将青椒、红椒洗净，切块。

4 净锅上火，倒油加热，放入土豆、青椒、红椒，下入盐、酱油、孜然粉，炒熟即可。

时间：15分钟

酱香腊肠土豆片

[原料]

土豆230克，腊肠80克，青椒、红椒各35克，姜片、葱段各少许

[调料]

鸡粉2克，蚝油5克，豆瓣酱20克，食用油适量

[做法]

1 洗净的青椒、红椒去籽切块；腊肠切片；土豆去皮切片，下沸水锅中焯至断生，捞出沥水。

2 起油锅，放入姜片、豆瓣酱，炒香，加入土豆片、腊肠和青椒、红椒，炒匀。

3 放入鸡粉、蚝油、葱段，炒匀即可。

时间：3分钟

茄子

[别名] 茄瓜、白茄、紫茄

保健功效

茄子含丰富的维生素P，这种物质能增强人体细胞间的附着力，增强毛细血管的弹性，降低毛细血管的脆性及渗透性，防止微血管破裂出血，使心血管保持正常的功能。茄子含有龙葵碱，能抑制消化系统肿瘤的增殖，对于防治胃癌有一定效果。茄子还含有维生素E，有防止出血和抗衰老功效。

营养分析含量表
（每100克含量）

21kcal	热量
1.1g	蛋白质
3.6g	碳水化合物
1.3g	膳食纤维
5mg	维生素C
1.13mg	维生素E
24mg	钙
0.5mg	铁

选购保存

茄子以外形均匀周正，老嫩适度，无裂口、腐烂、锈皮、斑点，皮薄、籽少、肉厚、细嫩的为佳。茄子用保鲜袋包裹好，放入干燥的纸箱中，置于阴凉通风处保存即可。

刀工处理：切条

1.取一个洗净去皮的茄子，将茄子切成几段。

2.取其中一段茄子，将其纵向对半切开。

3.再将茄块平放，切成条状即可。

清洗方法

将茄子放在盛有清水的盆中，加适量的淘米水，浸泡15分钟左右，捞出，削去蒂，再用清水冲洗干净，沥干水即可。

特别提示

茄子切开后，由于氧化作用很快就会变成褐色，应将其放入盐水中浸泡，待做菜时捞起沥干，就可避免茄子变色。

地三鲜

时间：10分钟

[原料]

土豆⋯⋯⋯⋯⋯⋯⋯1个
茄子⋯⋯⋯⋯⋯⋯⋯1个
青椒⋯⋯⋯⋯⋯⋯⋯2个
葱白⋯⋯⋯⋯⋯⋯⋯少许
姜⋯⋯⋯⋯⋯⋯⋯⋯少许
蒜⋯⋯⋯⋯⋯⋯⋯⋯3瓣

[调料]

盐⋯⋯⋯⋯⋯⋯⋯⋯3克
白糖⋯⋯⋯⋯⋯⋯⋯3克
鸡粉⋯⋯⋯⋯⋯⋯⋯3克
蚝油⋯⋯⋯⋯⋯⋯⋯8克
食用油⋯⋯⋯⋯⋯⋯适量
水淀粉⋯⋯⋯⋯⋯⋯适量

[做法]

1 土豆去皮，切块；茄子洗净后切滚刀块；蒜、姜均切末；葱白切成小丁；青椒去籽，切斜片。

2 土豆块、茄子块放入油锅中，用中火炸至金黄色，捞出。

3 锅中注油烧热，放入姜末、蒜末、葱白，爆香；加蚝油，炒匀，倒入200毫升清水、盐、白糖、鸡粉，调匀后煮开。

4 加入青椒，略炒，倒入滑过油的土豆、茄子，炒匀后煮1分钟，至食材吸收汤汁变软，加水淀粉勾芡，出锅盛盘即可。

扫一扫看视频

 TIPS

切茄子的时候尽量使每块都带着茄子皮，这样在烹调的时候不容易烂，可以很好地保持形状。

洋葱

[别名] 葱头、洋葱头、圆葱

保健功效

洋葱是为数不多的含前列腺素A的植物之一，前列腺素A是天然的血液稀释剂，能扩张血管、降低血液黏度，从而预防血栓发生。洋葱所含的微量元素硒是一种很强的抗氧化剂，能消除体内的自由基，增强细胞的活力和代谢能力，具有防癌、抗衰老的功效。

营养分析含量表

（每100克含量）

39kcal	热量
1.1g	蛋白质
8.1g	碳水化合物
0.9g	膳食纤维
8mg	维生素C
24mg	钙
15mg	镁
0.23mg	锌

选购保存

要挑选球体完整、没有裂开或损伤、表皮完整光滑、外层保护膜较多的洋葱。把洋葱装进不用的丝袜里，在每个中间打个结，吊在通风的地方，可以保存很久。

清洗方法

在放有洋葱的盆中注入清水，加少量食盐，搅拌均匀，浸泡10～15分钟，捞出，切去两头，剥去外面的老皮，用流水洗净。

刀工处理：切丝

1.取整个洗净去皮的洋葱，一分为二。
2.将洋葱斜放在砧板上，用刀纵向切成细丝。
3.用此方法将洋葱全部切完即可。

特别提示

洋葱的烹制时间不易过长，以免破坏其营养物质。患有皮肤病、眼睛类疾病和肠胃疾病的病人不宜吃洋葱，容易导致病情加重。

洋葱炒土豆

时间：12分钟

[原料]

土豆·····························500克
洋葱·····························150克
芹菜·······························35克
香菜·······························35克
红椒·······························15克

[调料]

盐·································3克
胡椒粉·····························2克

[做法]

1 将洋葱、香菜、芹菜、红椒均洗净，切碎。

2 土豆洗净煮熟，去皮切片。

3 将土豆片煎至呈金黄色时，翻面煎。

4 加入洋葱碎、芹菜碎、红椒碎、香菜碎炒熟，再撒入盐和胡椒粉，炒匀即可。

TIPS

切洋葱前把刀放入冷水中浸泡片刻，这样就不会刺激眼睛了。

Tomato

西红柿

「别名」番茄、番李子、洋柿子

保健功效

西红柿含有丰富的抗氧化剂，可以防止自由基对皮肤的破坏，具有明显的美容抗皱功效；含有苹果酸、柠檬酸等有机酸，能促使胃液分泌，加强对脂肪及蛋白质的消化；含维生素A、维生素C，可预防白内障，对夜盲症有一定的防治效果，能保护视力。

营养分析含量表
（每100克含量）

19kcal	热量
0.9g	蛋白质
0.2g	脂肪
3.5g	碳水化合物
0.5g	膳食纤维
19mg	维生素C
0.57mg	维生素E
0.15μg	硒

选购保存

好的西红柿色泽红艳，蒂部圆润，如果蒂部有淡淡的青色更甜。将西红柿装到保鲜袋中，蒂头朝下分开放置，之后放入冰箱冷藏室保存，可保存1周左右。

清洗方法

在洗菜盆中加入清水和少量的食盐，放入西红柿，浸泡几分钟，搓洗干净，并择除蒂头，再用清水冲洗2~3遍，沥干即可。

刀工处理：切滚刀块

1.取洗净的西红柿，从中间切开成两半。
2.取其中的一半，沿着蒂部斜切小块。
3.将西红柿滚动着继续斜切成小块即可。

特别提示

切西红柿时如果处理不当，大量的西红柿汁会流出来，导致营养流失，只要仔细观察表面的纹路，把西红柿的蒂放正，依照纹理小心地切下去，就能使西红柿的种子与果肉不分离，而且不会流汁。

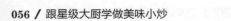

开心果西红柿炒黄瓜

时间：5分钟

[原料]

开心果仁·······················55克
黄瓜·····························90克
西红柿···························70克

[调料]

盐·······························2克
橄榄油···························适量

[做法]

1　将洗净的黄瓜切开，去除瓜瓤，再斜刀切段；洗好的西红柿切开，再切小瓣。

2　煎锅置火上，淋入少许橄榄油，大火烧热。

3　倒入黄瓜段，炒匀炒透，放入切好的西红柿，翻炒一会，至其变软，加入少许盐，炒匀调味，再撒上备好的开心果仁。

4　用中火翻炒一会儿，至食材入味，关火后盛出炒好的菜肴，装在盘中即可。

扫一扫看视频

TIPS

开心果仁可先油炸后再使用，这样菜肴的味道更香脆。

白萝卜

[别名] 萝白、莱菔、土瓜

保健功效

白萝卜所含热量较少，纤维素较多，吃后易产生饱胀感，这些都有助于减肥。白萝卜能诱导人体自身产生干扰素，增强机体免疫力，并能抑制癌细胞的生长，对防癌、抗癌有重要作用。白萝卜中的芥子油和粗纤维可促进胃肠蠕动，有助于体内废物的排出。

营养分析含量表

（每100克含量）

21kcal	热量
0.9g	蛋白质
4g	碳水化合物
1g	膳食纤维
21mg	维生素C
0.92mg	维生素E
36mg	钙
16mg	镁

选购保存

白萝卜以皮细嫩光滑，比重大，用手指轻弹声音沉重、结实的为佳。白萝卜最好能带泥存放，如果室内温度不太高，可放在阴凉通风处；如果白萝卜已清洗过，则可以用纸包起来放入塑料袋中，放入冰箱冷藏室储存。

清洗方法

将白萝卜放入洗菜盆里，加入清水半盆，用软毛刷刷洗表皮，然后放在水龙头下冲洗，沥干水。

刀工处理：切丝

1. 取一截洗净去皮的白萝卜，顶刀纵向切成薄片。
2. 将整段白萝卜都切成薄片。
3. 将切好的薄片用刀压平。
4. 把切好的薄片摆整齐。
5. 将白萝卜片切成细丝即可。

特别提示

白萝卜若要和胡萝卜一起食用，应加醋调和。从白萝卜顶处3~5厘米处维生素C的含量最多，宜于切丝、条，快速烹调。从中段到尾段有较多的淀粉酶和芥子油一类的物质，有些辛辣味，削皮生吃，是糖尿病患者代替水果的上选。

鸡肉炒萝卜 时间：15分钟

[原料]

鸡腿肉·····················150克
香菇·······················150克
白萝卜·····················300克
大蒜·························10克
红椒·························60克

[调料]

盐·························适量
胡椒粉·····················适量
橄榄油·····················15毫升

[做法]

1 白萝卜洗净，切成半月形的片；香菇切去根部，再切成丝；大蒜切末；红椒洗净，切片。
2 鸡腿肉切成适口的块，抹上少许盐和胡椒粉腌渍。
3 平底锅中倒入橄榄油烧热，加入大蒜末、红椒片炒香，鸡腿肉皮朝下放入锅中。
4 放入白萝卜片、香菇丝，炒匀，加入盐和胡椒粉调味即可。

TIPS

炒白萝卜时，可以加入少许食醋，能使成品口感更鲜美，也利于消化吸收。

胡萝卜

[别名] 红萝卜、番萝卜

保健功效

胡萝卜含有大量胡萝卜素，有补肝明目的作用，可辅助治疗夜盲症；含有植物纤维，吸水性强，在肠道中体积容易膨胀，是肠道中的"充盈物质"，可加强肠道蠕动，从而利膈宽肠，通便防癌。胡萝卜还含有降糖物质，是糖尿病患者的良好食品，其所含的某些成分能增加冠状动脉血流量，降低血脂。

营养分析含量表

（每100克含量）

37kcal	热量
1g	蛋白质
1.1g	膳食纤维
190mg	钾
71.4mg	钠
32mg	钙
14mg	镁
1mg	铁

选购保存

应选购体形圆直、表皮光滑、色泽橙红、无须根的胡萝卜。胡萝卜存放前不要用水冲洗，只需将胡萝卜的"头部"切掉，然后放入冰箱冷藏即可。

清洗方法

将胡萝卜放入清水中，加入食盐搅匀，浸泡15分钟，用软毛刷刷洗胡萝卜表面，然后放在流水下，用手搓洗干净，沥干即可。

刀工处理：切片

1. 将洗净去皮的胡萝卜从中间对半切开。
2. 用斜刀将胡萝卜切成段。
3. 由侧面将胡萝卜切成菱形片。

特别提示　胡萝卜不适宜生吃，因为胡萝卜素是脂溶性维生素，必须在油脂中才能被消化吸收和转化，若生吃只能起到通便和降低胆固醇的作用，而不能吸收到更多的营养素。

胡萝卜炒豆芽

⏱ 时间：8分钟

[原料]

胡萝卜·····················100克
豆芽························100克

[调料]

盐··························3克
鸡精·······················2克
醋························适量
食用油·····················适量
香油·······················适量

[做法]

1 胡萝卜去皮洗净，切丝。

2 豆芽洗净备用。

3 锅下油烧热，放入胡萝卜丝、豆芽炒至八成熟，加盐、鸡精、醋、香油炒匀，起锅装盘即可。

TIPS

烹饪此菜时，油盐不宜用太多，应尽量保持黄豆芽清淡的性味和爽口的特点。

莴笋

「别名」莴苣、莴菜、千金菜

保健功效

莴笋中含有胰岛素的激活剂——烟酸，糖尿病患者经常吃莴笋，可改善糖的代谢功能。莴笋含有一定量的微量元素锌、铁，特别是铁元素，很容易被人体吸收，可以防治缺铁性贫血。莴笋还有增进食欲、刺激消化液分泌、促进胃肠蠕动等功效。

营养分析含量表
（每100克含量）

14kcal	热量
1g	蛋白质
2.2g	碳水化合物
25μg	维生素A
4mg	维生素C
0.19mg	维生素E
23mg	钙
0.9mg	铁

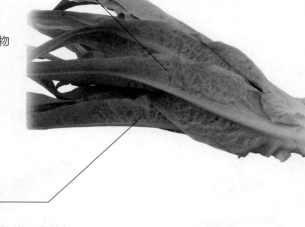

选购保存

应选择茎粗大、肉质细嫩、多汁新鲜、无枯叶、无空心、不发蔫的莴笋。莴笋直接用保鲜袋装好，放入冰箱冷藏，可保鲜1周左右。

清洗方法

将莴笋的皮削掉，再切除根部，切成两截，放进淡盐水中，浸泡10分钟左右，捞起后用清水冲洗2~3遍，沥水备用即可。

刀工处理：切丝

1.取一截洗净削皮的莴笋，从中间切成两截。

2.取其中的一截开始切片。

3.将莴笋切成薄片。

4.把莴笋全部切成同样的薄片。

5.莴笋薄片在砧板上摆放整齐。

6.将薄片切成细丝即可。

特别提示

莴笋下锅前挤干水分，可以增加莴笋的脆嫩感，且烹饪要少放盐，否则会影响口感。莴笋是传统的丰胸蔬菜，与含B族维生素的牛肉合用，具有调养气血的作用，可以增加乳房部位的营养供应。

蒜苗炒莴笋

 时间：5分钟

[原料]

蒜苗·····················50克
莴笋·····················180克
彩椒·····················50克

[调料]

盐······························3克
生抽·························适量
鸡粉·························适量
水淀粉·····················适量
食用油·····················适量

[做法]

1 将洗净的蒜苗切成段；彩椒去籽，切成丝；洗净去皮的莴笋切成丝。

2 锅中注入适量清水烧开，放入适量食用油、盐，倒入莴笋丝，煮约半分钟至断生，捞出备用。

3 用油起锅，放入蒜苗段，炒香，倒入莴笋丝，翻炒匀，再放入彩椒丝，炒匀。

4 加入盐、鸡粉、生抽，炒匀调味，倒入水淀粉，快速翻炒均匀，装入盘中即可。

TIPS

焯煮莴笋的时间不能太久，否则会影响其脆嫩的口感。

扫一扫看视频

竹笋

「别名」笋、毛笋

保健功效

竹笋含有一种白色的含氮物质，构成了其独有的清香，具有开胃、促进消化、增强食欲的作用，可用于胃胀、消化不良、胃口不好等症的食疗。竹笋具有低糖、低脂的特点，富含植物纤维，可降低体内多余脂肪，消痰化瘀，辅助治疗高血压、高血脂、高血糖，并对消化道癌肿及乳腺癌有一定的预防作用。

营养分析含量表
（每100克含量）

19kcal	热量
2.6g	蛋白质
0.2g	脂肪
1.8g	碳水化合物
1.8g	膳食纤维
0.8μg	胡罗卜素
5mg	维生素C
0.05mg	维生素E

选购保存

以外壳色泽鲜黄或淡黄略带粉红，笋壳完整且饱满光洁者为佳。竹笋直接用保鲜袋装好放入冰箱冷藏，可保存4～5天。

清洗方法

清洗时，先将竹笋的外衣剥除，用削皮刀将竹笋的硬皮削去，最后用清水冲洗干净，沥干水。

刀工处理：切丝

1.取一块洗净去皮的竹笋，切去不平整的边角。
2.切去竹笋的底部。
3.将竹笋切成平整的方块之后，平放在砧板上。
4.用刀顶刀将竹笋切成薄片。
5.将薄片摆放整齐放平。
6.顶刀将所有的竹笋切成细丝即可。

特别提示

竹笋适用于炒、烧、拌、炝，也可做配料或馅。竹笋一年四季皆有，但唯有春笋、冬笋味道最佳。烹调时无论是凉拌、煎炒还是熬汤，均鲜嫩清香，是人们喜欢的佳肴之一。竹笋质地细嫩，不宜炒制过老，否则影响口感。

辣子竹笋

 时间：12分钟

[原料]

竹笋·····················150克
朝天椒·················50克
姜丝·····················适量
蒜粒·····················适量
葱························适量

[调料]

盐························2克
白糖·····················3克
味精·····················2克
水淀粉·················适量

[做法]

1 竹笋去皮洗净，切成片备用；葱洗净切马耳形；朝天椒洗净。

2 锅下油烧热，放入朝天椒炒香，再放入姜丝、葱、蒜粒略炒，投入笋片炒匀。

3 加入盐、味精、白糖炒至入味，倒入水淀粉勾薄芡，起锅装盘即可。

TIPS

竹笋丝不要切得太粗，否则不易入味。

芦笋

[别名] 露笋、龙须菜、青芦笋

保健功效

芦笋中含有丰富的抗癌元素之王——硒，能阻止癌细胞分裂与生长，几乎对所有的癌症都有一定的疗效。芦笋叶酸含量较多，孕妇经常食用芦笋，有助于胎儿大脑发育。芦笋中氨基酸含量高而且比例适当，对治疗心血管、泌尿系统疾病有很大作用。

营养分析含量表
（每100克含量）

19kcal	热量
1.4g	蛋白质
3g	碳水化合物
1.9g	膳食纤维
17μg	维生素A
10mg	钙
10mg	镁
1.4mg	铁

选购保存

以笋尖花苞紧密、不开芒，未长腋芽，细嫩粗大的芦笋为佳。如果不能马上食用，以报纸卷包芦笋，置于冰箱冷藏室，应可维持两三天。

清洗方法

将芦笋放入淡盐水中，浸泡15分钟左右，用手抓洗，再放在流水下冲洗，沥干水分即可。

刀工处理：切粗条

1. 取洗净的芦笋，切成整齐的段。
2. 纵向将芦笋剖开，一分为二，切成粗条。
3. 依次将剩下的芦笋切成粗条。

特别提示　芦笋中的叶酸很容易被破坏，若用来补充叶酸，应避免高温烹煮，最佳的食用方法是用微波炉小功率热熟。

芦笋扒冬瓜

 时间：8分钟

[原料]

芦笋·······················适量
冬瓜·······················适量
鲜汤·······················适量

[调料]

盐·························2克
味精·······················2克
水淀粉·····················适量
食用油·····················适量

[做法]

1 取芦笋洗净，切长段。
2 冬瓜削皮，洗净，切成6厘米长的条。
3 将芦笋放沸水锅里焯透，捞出，再放入凉水盆里浸泡后，捞出沥水。
4 炒锅放油烧热，加入鲜汤、盐、味精、芦笋段、冬瓜条翻炒。
5 改猛火用水淀粉勾芡，出锅装盘即成。

TIPS

芦笋若有老筋，应事先撕掉，以免影响口感。

茭白

「别名」茭笋、茭瓜

保健功效

茭白含较多的碳水化合物、蛋白质、脂肪等，能补充人体所需的营养物质，具有强身健体的作用。茭白中含有豆醇，能清除体内的活性氧，抑制酪氨酸酶活性，从而阻止黑色素生成，还能软化皮肤表面的角质层，使皮肤润滑细腻。茭白还能退黄疸，对于黄疸型肝炎的治疗有益。

营养分析含量表

（每100克含量）

23kcal	热量
1.2g	蛋白质
4g	碳水化合物
1.9g	膳食纤维
5μg	维生素A
5mg	维生素C
0.99mg	维生素E
209mg	钾

选购保存

宜选择茎肥大、新鲜肉嫩、肉色洁白的茭白。茭白含水分极高，若放置过久，会丧失鲜味，最好即买即食；若需保存，可以用纸包住，再用保鲜膜包裹，放入冰箱保存。

清洗方法

茭白需要剥壳清洗，先将茭白根部老皮削掉，置于盆中，放在流水下，边洗边将头部的外皮剥去即可。

刀工处理：切粗丝

1. 茭白横向对半切，将茭白分为两节。
2. 将茭白每节纵向对半切。
3. 切去每半茭白的外皮。
4. 将茭白块切成厚片。
5. 改刀运用直刀法切茭白片。
6. 依次将茭白片切成粗丝。

特别提示　茭白在烹饪前要先用水焯一下，以除去其中含有的草酸。茭白不可生食，易引起姜片虫病。茭白以春夏季的质量最佳，营养素比较丰富。

小白菜炒茭白

时间：125分钟

[原料]

小白菜······120克
茭白······85克
彩椒······少许

[调料]

盐······3克
鸡粉······2克
料酒······4毫升
水淀粉······适量
食用油······适量

[做法]

1 洗净的小白菜放入盐水中腌渍2小时，捞出后切长段。

2 洗净去皮的茭白和洗好的彩椒切粗丝。

3 起油锅，下茭白丝炒出水分，放入彩椒丝，加入盐、料酒，炒匀，倒入小白菜炒软。

4 加鸡粉调味，最后用水淀粉勾芡。

扫一扫看视频

 TIPS

小白菜腌好后最好用清水冲洗一遍，以免口感偏咸。

山药

[别名] 淮山药、山芋、山薯

保健功效

山药含有多种营养素，有强健机体、滋肾益精的作用；含大量维生素及微量元素，能有效阻止血脂在血管壁沉积，预防心血管疾病。山药的黏液蛋白还有降低血糖的作用，对糖尿病有一定的治疗效果，是糖尿病患者的食疗佳品。

营养分析含量表
（每100克含量）

56kcal	热量
1.9g	蛋白质
11.6g	碳水化合物
0.8g	膳食纤维
3μg	维生素A
213mg	钾
16mg	钙
20mg	镁

选购保存

山药以洁净、无畸形或分枝、根须少、较重者较好。如果购买的是切开的山药，则要避免接触空气，用塑料袋包好放入冰箱里冷藏为宜。

清洗方法

山药放在流水下搓洗干净，用刮皮刀将表皮刮除，再放入淡盐水中浸泡15分钟，再用手搓洗山药，放流水下冲洗，沥干水分即可。

刀工处理：切块

1.取一块洗净的山药，切成大块状。
2.将山药依次切成同样的大块状。
3.将大块山药切成均匀的小块即可。

特别提示

山药宜去皮食用，以免产生麻、刺等异常口感，且其烹制时间不宜过久。山药皮中所含的皂角素或黏液里含的植物碱，少数人接触会引起山药过敏而发痒，处理山药时应避免直接接触。

山药炒秋葵 时间：9分钟

[原料]

山药·····················200克
秋葵·····················6个
小葱·····················1根
蒜·······················2瓣
辣椒·····················少许

[调料]

盐·······················少许
胡椒粉···················少许
食用油···················适量

[做法]

1　将山药去皮后再切滚刀块，放入热油锅中炸成金黄色，捞出。

2　将秋葵、蒜瓣、辣椒切片；小葱切葱花备用。

3　锅置火上，倒入适量食用油，将蒜片以中火爆香，倒入炸好的山药块翻炒1分钟。

4　加入秋葵、辣椒与盐、胡椒粉炒香，起锅前加入葱花即可。

TIPS

山药切块后，最好浸入清水中，可以防止其氧化变色。

莲藕

[别名] 藕、水芙蓉、莲根

保健功效

莲藕中含有黏液蛋白和膳食纤维，能减少人体对脂类的吸收。莲藕散发出一种独特的清香，还含有鞣质，有一定的健脾止泻作用，能增进食欲、促进消化、开胃健中，有益于胃纳不佳、食欲不振者恢复健康。莲藕含有大量的单宁酸，有收缩血管的作用，可用来止血。

营养分析含量表
（每100克含量）

70kcal	热量
1.9g	蛋白质
15.2g	碳水化合物
1.2g	膳食纤维
3μg	维生素A
44mg	维生素C
0.73mg	维生素E
243mg	钾

选购保存

要选择两端的节很细、藕身圆而笔直、用手轻敲声厚实、皮颜色为淡茶色、没有伤痕的莲藕。莲藕容易变黑，没切过的莲藕可在室温下保存1周。

清洗方法

先将藕节切去，削去皮后一分为二，放清水中，在筷子较细的那头裹上纱布，往莲藕的窟窿里逐个捅一捅，再用清水清洗即可。

刀工处理：切薄片

1.取一块洗净去皮的莲藕，运用直刀法改刀。
2.下刀，将莲藕切成薄片。
3.用此法将整段莲藕全部切片。

特别提示

烹饪莲藕忌用铁器，以免引起食物发黑。吃藕应分段食用，顶端香甜脆嫩，可焯后凉拌鲜食；第二、第三节稍老，是做汤的上好原料，还可以做炸藕夹；第四节之后的各节只适于炒食或作为藕粉的原料来使用。

玉竹炒藕片

时间：4分钟

[原料]

莲藕·······················270克
胡萝卜·······················80克
玉竹·························10克
姜丝·························少许
葱丝·························少许

[调料]

盐··························2克
鸡粉························2克
水淀粉·······················适量
食用油·······················适量

[做法]

1 洗净的玉竹切细丝；洗好去皮的胡萝卜切细丝；洗净去皮的莲藕切开，再切成薄片。

2 锅中注入适量清水烧开，倒入藕片，煮至断生，捞出沥水。

3 用油起锅，倒入姜丝、葱丝，爆香，放入玉竹，炒匀，倒入胡萝卜，炒匀炒透。

4 放入焯过水的藕片，用大火炒匀。

5 加入盐、鸡粉，倒入水淀粉，炒匀调味，关火后盛出即可。

扫一扫看视频

TIPS

藕片以炒至八成熟为宜，这样能保持藕的清香味。

辣椒

[别名] 辣子、番椒、秦椒

保健功效

辣椒的果皮及胎座组织中含有辣椒素及维生素A、维生素C等多种营养物质，能增强人的体力，缓解因工作、生活压力造成的疲劳。辣椒特有的味道和所含的辣椒素有刺激唾液和胃液分泌的作用，能增进食欲、促进肠蠕动、防止便秘。辣椒还可以防治坏血病，对牙龈出血、贫血、血管脆弱有辅助治疗作用。

营养分析含量表
（每100克含量）

23kcal	热量
1.4g	蛋白质
0.3g	脂肪
3.7g	碳水化合物
2.1g	膳食纤维
62mg	维生素C
15mg	钙
0.7mg	铁

选购保存

质量好的辣椒表皮有光泽，无破损，无皱缩，形态丰满，无虫蛀。把辣椒的蒂剪断，滴上蜡油，存放在冰箱里，大约可保存3周以上。

清洗方法

清洗时，将辣椒放入加了适量食盐的清水中，浸泡5分钟，把果蒂去掉，将凹陷处冲洗一下，冲洗干净即可。

刀工处理：切菱形片

1. 将去蒂的辣椒放在砧板上，切去尾部。
2. 将辣椒纵向剖成两半。
3. 取辣椒片改刀。
4. 将几个辣椒片一端斜着对齐。
5. 用刀斜切成菱形片。
6. 用此刀法将辣椒都切成菱形片即可。

特别提示

辣椒不宜炒制过久，以免营养流失过多。选择大而厚实的辣椒，切开、去籽，将5%的纯碱水加热到90℃左右，然后把辣椒放入，浸泡3~4分钟，捞出晾干，不仅颜色得以保持，味道也会很好。

海苔小青椒

时间：7分钟

[原料]

海苔 ···················· 两张
小青椒 ················ 120克

[调料]

七味粉 ···················· 2克
椰子油 ·················· 3毫升
盐 ························· 3克

[做法]

1 洗净的小青椒切去柄，纵向划开。

2 热锅注入适量椰子油，烧热，倒入小青椒，炒至变软。

3 加盐，充分炒匀入味，将小青椒盛入盘中。

4 将海苔撕碎，撒在小青椒上，再撒上七味粉即可。

TIPS

不能接受太辣口感的，可以将青椒里面的籽去掉。

扫一扫看视频

黄瓜

[别名] 胡瓜、青瓜

保健功效

黄瓜中含有丰富的维生素E，可起到延年益寿、抗衰老的作用。黄瓜中所含的丙醇二酸，可抑制糖类物质转变为脂肪，有利于减肥强体。黄瓜中所含的葡萄糖苷、果糖等不参与通常的糖代谢，故糖尿病患者以黄瓜代淀粉类食物充饥，血糖非但不会升高，甚至会降低。

营养分析含量表

（每100克含量）

15kcal	热量
0.8g	蛋白质
0.2g	脂肪
2.4g	碳水化合物
0.5g	膳食纤维
15µg	维生素A
9mg	维生素C
0.49mg	维生素E

选购保存

质量好的黄瓜鲜嫩，外表的刺粒未脱落，色泽绿，外形饱满，硬实。用小型塑料食品袋保存黄瓜，每袋1～1.5千克，松扎袋口，放入室内阴凉处贮藏。

清洗方法

将黄瓜放在清水中，倒入果蔬清洗剂，浸泡15分钟左右，用手搓洗一下，再用清水冲洗几遍，沥干水即可。

刀工处理：切片

1.取洗净去皮的黄瓜，纵切。
2.将黄瓜一切为二。
3.将对半切开的黄瓜再对半切。
4.用平刀法片去瓜瓤。
5.开始斜刀切。
6.将所有的黄瓜切成片即可。

特别提示　黄瓜尾部含有较多的苦味素，有抗癌作用，所以烹制时不宜丢掉。黄瓜不宜炒制过久，以免影响口感。

黄瓜炒腊肠

⏱ 时间：3分钟

[原料]

黄瓜·····························200克
腊肠·····························150克
朝天椒·····························5克
姜片·····························少许
蒜片·····························少许
葱段·····························少许

[调料]

盐·····························2克
鸡粉·····························2克
水淀粉·····························4毫升
料酒·····························5毫升
食用油·····························适量

[做法]

1. 洗净的朝天椒切圈；洗净的腊肠切片；洗净的黄瓜切开，去瓤，切成片。
2. 锅中注水烧开，倒入腊肠氽煮片刻，捞出沥水，装盘。
3. 热锅注油烧热，倒入朝天椒、姜片、蒜片，爆香。
4. 倒入腊肠、黄瓜，快速翻炒均匀。
5. 淋入料酒，加入盐、鸡粉、水淀粉。
6. 倒入葱段，翻炒调味，关火，将炒好的菜肴盛出装入盘中。

扫一扫看视频

TIPS

腊肠氽水不宜过久，以免影响腊肠的口感。

苦瓜

「别名」凉瓜、癞瓜

保健功效

苦瓜具有预防坏血病、保护细胞膜、防止动脉粥样硬化、提高机体应激能力、保护心脏等功效。苦瓜中的有效成分可以抑制正常细胞的癌变，促进突变细胞复原，具有一定的抗癌作用。苦瓜中含有类似胰岛素的物质，能降低血糖。

营养分析含量表

（每100克含量）

19kcal	热量
1g	蛋白质
0.1g	脂肪
3.5g	碳水化合物
1.4g	膳食纤维
C 56mg	维生素C
0.85mg	维生素E
256mg	钾

选购保存

苦瓜身上一粒一粒的果瘤，是判断苦瓜好坏的特征，果瘤越大越饱满，表示瓜肉也越厚。苦瓜不耐保存，用保鲜袋装好，放冰箱中存放，不宜超过2天。

清洗方法

苦瓜先放入清水中，略微浸泡，沿着瘤纹方向，用刷子轻轻刷洗苦瓜表面，去除脏物，最后用流动水冲洗干净即可。

刀工处理：切斜刀片

1.先将苦瓜纵向对半切开。
2.运用斜刀法，将苦瓜斜切出第一个片。
3.继续将苦瓜全部斜切成片。

特别提示

苦瓜虽苦，但与其他食材搭配时并不会将苦味渗入别的材料中，被人们称为君子菜。苦瓜质地较嫩，不宜炒制过久，以免影响口感。

黑蒜炒苦瓜

[原料]

黑蒜70克，苦瓜200克，豆豉30克，彩椒65克，姜
片、蒜片、葱段各少许

[调料]

盐2克，鸡粉3克，芝麻油5毫升，水淀粉、食用油
各适量

[做法]

1 洗净的苦瓜去籽切片；洗好的彩椒切块。

2 锅中注水烧开，加入盐，倒入苦瓜片，焯煮片
   刻至断生，捞出，沥干水分，装盘备用。

3 起油锅，倒入蒜片、姜片，爆香，放入豆豉、
   苦瓜片、彩椒块、黑蒜，炒匀。

4 加入盐、鸡粉，炒匀，放入葱段，加入水淀
   粉、芝麻油，翻炒约2分钟至熟，装入盘中。

 时间：5分钟　扫一扫看视频

双菇炒苦瓜

[原料]

茶树菇100克，苦瓜120克，口蘑70克，胡萝卜片、
姜片、蒜末、葱段各少许

[调料]

生抽、水淀粉各3毫升，盐2克，鸡粉2克，食用油
适量

[做法]

1 洗净的茶树菇切段；洗好的苦瓜和口蘑切片。

2 水烧开，放入食用油，下苦瓜、茶树菇、口
   蘑、胡萝卜片略煮，捞出。

3 起油锅，下姜片、蒜末、葱段爆香，倒入焯过
   水的食材，翻炒均匀。

4 放入生抽、盐、鸡粉、水淀粉，翻炒匀，装入
   盘中即可。

 时间：5分钟　 扫一扫看视频

丝瓜

「别名」天罗、布瓜、天络瓜

保健功效

丝瓜中含防止皮肤老化的B族维生素、美白皮肤的维生素C等成分，能保护皮肤、消除斑块，使皮肤洁白、细嫩。丝瓜独有的干扰素诱生剂，可刺激机体产生干扰素，起到抗病毒、防癌抗癌的作用。丝瓜还含有皂苷类物质，具有一定的强心作用。

营养分析含量表
（每100克含量）

20kcal	热量
1g	蛋白质
3.6g	碳水化合物
5mg	维生素C
0.22mg	维生素E
14mg	钙
11mg	镁
0.4mg	铁

选购保存

应选择鲜嫩、结实、光亮、皮色为嫩绿或淡绿色的丝瓜。丝瓜不宜久藏，可先切去蒂头，用纸包起来放到阴凉通风的地方冷藏。

清洗方法

将丝瓜放入淡盐水中，浸泡15分钟左右，用手抓洗丝瓜，用刮皮刀刮去表皮，将去皮的丝瓜用清水清洗即可。

刀工处理：切块

1.取一条洗净的丝瓜，纵向对半切开。
2.取其中的一半，纵向对半切开成长条状。
3.将另一半也对半切开成长条状。
4.将丝瓜条摆放整齐，用刀切块状。
5.依次将条状丝瓜切成均匀的块状。
6.将丝瓜块摆放整齐，装起来即可。

特别提示

丝瓜汁水丰富，宜现切现做，以免营养成分随汁水流走。烹制丝瓜时应注意尽量保持清淡，油要少用，可勾稀芡，以保留香嫩爽口的特点。

松仁丝瓜 ⏱ 时间：8分钟

[原料]

松仁·····················20克
丝瓜块·················90克
胡萝卜片···············30克
姜末·····················少许
蒜末·····················少许

[调料]

盐·····················3克
鸡粉···················2克
水淀粉·················10毫升
食用油·················5毫升

[做法]

1 砂锅中注水烧开，加入食用油，倒入胡萝卜片、洗好的丝瓜块，焯至断生，将焯煮好的食材捞出沥水。

2 起油锅，倒入松仁，滑油翻炒片刻，捞出，沥干油。

3 锅底留油，下姜末、蒜末爆香，倒入胡萝卜片、丝瓜块炒匀。

4 加入盐、鸡粉，翻炒片刻至入味，倒入水淀粉，炒匀后装盘，撒上松仁即可。

扫一扫看视频

TIPS

切好的丝瓜块最好浸在清水中，以免氧化变黑。

冬瓜

[别名] 白冬瓜、东瓜

保健功效

冬瓜含维生素C较多，且钾盐含量高，纳盐含量较低，肾脏病、浮肿病等患者食之，可达到消肿而不伤正气的效果。冬瓜中所含的丙醇二酸，能有效地抑制糖类转化为脂肪，加之冬瓜本身不含脂肪，热量不高，对于防止人体发胖具有重要意义，可以帮助体形健美。

营养分析含量表
（每100克含量）

11kcal	热量
0.4g	蛋白质
0.2g	脂肪
1.9g	碳水化合物
0.7g	膳食纤维
18mg	维生素C
19mg	钙
0.2mg	铁

选购保存

挑选时用手指掐一下，皮较硬、肉质密、种子成熟变成黄褐色的冬瓜口感较好。整个冬瓜可以放在常温下保存。

清洗方法

用削皮刀将冬瓜的外皮切去，用手将冬瓜中间的籽掏干净，再将处理好的冬瓜冲洗干净。

刀工处理：切丁

1. 将洗净去皮的冬瓜对半切开。
2. 再对半切，将整块冬瓜一分为四。
3. 将多余的瓤切除。
4. 将冬瓜块立起来放置，直刀切成冬瓜片。
5. 切好的片叠放整齐。
6. 将冬瓜片切成丁状。

特别提示

冬瓜性凉，不宜生食。冬瓜是一种解热利尿比较理想的日常食物，连皮一起烹饪，效果更明显。另外，冬瓜不宜烹制太久，以免过于熟烂，影响成菜外观和口感。

冬瓜丝炒蕨菜

【原料】

冬瓜250克，蕨菜100克，红辣椒20克，葱1根

【调料】

盐5克，味精2克，鸡精3克，白糖2克，食用油适量

【做法】

1. 冬瓜去皮，洗净，切细丝。
2. 蕨菜择去老硬部分，切细丝。
3. 红辣椒去籽，洗净，切细丝。
4. 将冬瓜丝、蕨菜丝、红辣椒丝入沸水中氽烫至软，捞出，沥干水分。
5. 锅置火上，加油烧热，将三丝入锅翻炒数分钟后，加盐、味精、鸡精、白糖，炒匀即可。

时间：12分钟

草菇冬瓜球

【原料】

冬瓜球300克，草菇100克，红椒30克，高汤80毫升

【调料】

盐、鸡粉、白胡椒粉各2克，水淀粉4毫升，食用油适量

【做法】

1. 洗净的红椒切成圈，待用。
2. 水烧开，倒入洗好的草菇，略煮一会儿，捞出沥水，再倒入冬瓜球，煮至断生，捞出沥水。
3. 热锅注油，倒入适量高汤，加入少许盐、鸡粉、白胡椒粉，搅匀调味。
4. 倒入冬瓜球、草菇、红椒，炒匀，煮至沸，倒入少许水淀粉勾芡，盛出，装入盘中即可。

时间：7分钟

扫一扫看视频

南瓜

「别名」麦瓜、番瓜、金冬瓜

🐾 保健功效

南瓜含有丰富的类胡萝卜素和维生素C，可以健脾、预防胃炎、防治夜盲症、护肝，使皮肤变得细嫩，并有中和致癌物质的作用。南瓜中含有的多种矿物质元素，如钙、钾、磷、镁等，都有预防骨质疏松和高血压的作用。

营养分析含量表
（每100克含量）

22kcal	热量
0.7g	蛋白质
4.5g	碳水化合物
0.8g	膳食纤维
8mg	维生素C
16mg	钙
8mg	镁
0.4mg	铁

🧺 选购保存

应挑选外形完整、瓜梗蒂连着瓜身的新鲜南瓜。一般完整的南瓜放置在阴凉处可保存长达1个月。

🚰 清洗方法

将整个南瓜一分为二，切去南瓜蒂，去皮，用小勺挖去瓜瓤，最后放在盆中用清水冲洗干净，沥干水即可。

🔪 刀工处理：切三角片

1.取一块去皮去瓤的南瓜，将南瓜切成粗长条状。

2.将粗条南瓜放好，切去多余边角。

3.顶刀将南瓜条切成三角片即可。

特别提示

南瓜所含的类故萝卜素耐高温，加油脂烹炒，更有助于人体摄取吸收。取南瓜适量，洗净切片，用盐腌6小时后，以食醋凉拌佐餐，可减淡面部色素沉着，防治青春痘。

咖喱双椒炒南瓜

[原料]
南瓜200克，洋葱50克，红甜椒、黄甜椒各30克，蒜20克

[调料]
食用油2大勺，咖喱粉1大勺，盐、细砂糖各半小勺

[做法]
1 南瓜削皮去籽，洗净后切成南瓜丁；蒜切成末；洋葱、红甜椒、黄甜椒洗净，切成丁。
2 热锅加入食用油，倒入洋葱丁和蒜末，小火爆香。
3 加入咖喱粉，拌匀后略炒。
4 再加入甜椒丁、南瓜丁以及少量水，盖上锅盖，小火焖约3分钟至南瓜熟。
5 加入盐、细砂糖，炒匀后盛出。

时间：5分钟

珍珠南瓜

[原料]
熟鹌鹑蛋100克，南瓜300克，青椒20克

[调料]
盐2克，鸡粉2克，水淀粉4毫升，食用油适量

[做法]
1 洗净去皮的南瓜切块；洗净的青椒切开，去籽，切成小块。
2 水烧开，倒入南瓜，煮至断生，捞出沥水。
3 再倒入鹌鹑蛋、青椒，略煮后捞出，沥水。
4 起油锅，倒入鹌鹑蛋、青椒、南瓜，加入盐、鸡粉、水淀粉，翻炒匀，盛出装盘。

时间：6分钟

美味小炒
STIR-FRY

豆角	豌豆	扁豆	黑木耳	杏鲍菇	金针菇	平菇	草菇

PART 3

菌豆篇：
清新菌豆打造营养飨宴

塑造强健的体魄，
离不开菌菇豆类的帮助。
不需要多么复杂的工具，
只要一锅一铲，
我们就能在厨房这个小天地里，
用菌菇豆类打造出清新怡人的营养飨宴！

香菇

「别名」冬菇、花菇、香信

保健功效

香菇中的氨基酸含量丰富，能提高机体免疫功能。香菇能降血压、降血脂、降胆固醇，预防动脉硬化、肝硬化等疾病。香菇可以辅助治疗糖尿病、肺结核、传染性肝炎、神经炎等，还可改善便秘及消化不良。

营养分析含量表

（每100克含量）

19kcal	热量
2.2g	蛋白质
0.3g	脂肪
1.9g	碳水化合物
3.3g	膳食纤维
1mg	维生素C
0.6μg	胡萝卜素
2mg	烟酸

选购保存

鲜香菇一般以体圆齐整、菌伞肥厚、盖面平滑的为好；干香菇应选择水分含量较少的。鲜香菇直接用保鲜袋装好，放入冰箱冷藏室，可保存1周；干香菇放在干燥、阴凉、通风处可长期保存。

清洗方法

将香菇放入温水中泡15～20分钟，用筷子来回不停地搅动清洗，捞出装碗，加入淀粉和清水搅匀，用手指搓洗后用清水清洗。

刀工处理：切块

1.取洗净的香菇，将柄切除。

2.将香菇从中间切成两半。

3.沿着与刀口垂直的方向再切一刀，即成4块。

特别提示

干香菇要泡发完全，而且泡发过的水不要弃去，可用来做高汤。尽量避免为了让香菇尽快泡发，选择用很热的水浸泡或是加糖，这样反而会使其中的水溶性成分，如珍贵的多糖、优良的氨基酸等大量溶解于水中，破坏香菇的营养。

明笋香菇 ⏱ 时间：4分钟

[原料]

鲜香菇·····················30克
水发笋干·················50克
瘦肉·····················100克
彩椒·····················10克

[调料]

盐·······················2克
生抽·····················5毫升
料酒·····················5毫升
水淀粉···················4毫升
食用油···················适量

[做法]

1 洗净的彩椒切开，去籽，切小块；洗好的笋干和香菇分别切成小块；洗好的瘦肉切成片，再切条，改切成小块，备用。

2 热锅注油，放入瘦肉，翻炒至变色，倒入笋丁，翻炒匀。

3 注入适量清水，淋入少许料酒，煮至沸。

4 倒入备好的香菇，炒熟，加入少许盐、生抽，翻炒均匀。

5 放入彩椒，倒入水淀粉，快速翻炒均匀，关火后将炒好的菜肴装入盘中即可。

扫一扫看视频

TIPS

笋干要完全泡发了再烹制，以免影响口感。

草菇

「别名」兰花菇、麻菇

保健功效

草菇可促进人体新陈代谢，提高机体免疫力，增强抗病能力。草菇中的有效成分能抑制癌细胞生长，特别是对消化道肿瘤有辅助治疗作用，可以加强肝肾的活力。草菇含有异种蛋白物质，有消灭人体癌细胞的作用，有助于防癌抗癌。

营养分析含量表
（每100克含量）

23kcal	热量
2.7g	蛋白质
0.2g	脂肪
2.7g	碳水化合物
1.6g	膳食纤维
0.08mg	硫胺素
0.34mg	核黄素
92.3μg	视黄醇当量

选购保存

要选择个体完整、无虫蛀、无异味的草菇。鲜草菇在14～16℃条件下可保鲜1～2天，要放在阴凉通风的地方保存；也可用保鲜膜封好，放置在冰箱冷藏室中，可保存1周左右。

清洗方法

用刀将草菇的底部全部切除干净，将草菇放入水中，浸泡几分钟，用手把草菇表面的泥沙搓洗干净，最后冲洗干净即可。

刀工处理：切块

1.取洗净的草菇，纵向对切，一分为二。

2.取其一半，纵向对切。

3.将切开的草菇摆放整齐，用直刀法切块。

4.将另一半按同样的方法切成块状。

5.其他的草菇也用同样的方法切开。

6.将切开的草菇切成同样大小的块即可。

特别提示
草菇适合做汤或素炒，无论鲜品还是干品都不宜浸泡时间过长。新鲜的草菇在空气中容易氧化，因此买回来后要用清水洗净，放入1％的盐水中浸泡10~15分钟，捞出沥干放入塑料袋，可以保鲜3～5天。

草菇炒牛肉

[原料]

草菇300克，牛肉200克，洋葱40克，红彩椒30克，姜片少许

[调料]

盐2克，鸡粉、胡椒粉各1克，蚝油5克，生抽、料酒、水淀粉各5毫升，食用油适量

[做法]

1 原料洗净；洋葱、红彩椒切块；草菇切开；牛肉切片，装碗，加食用油、盐、料酒、胡椒粉、水淀粉拌匀腌渍。

2 草菇、牛肉分别放入沸水中略煮，捞出备用。

3 姜片下油锅爆香，放入洋葱、红彩椒、牛肉、草菇，加生抽、蚝油炒熟，加水、盐、鸡粉、水淀粉，炒匀即可。

时间：5分钟   扫一扫看视频

草菇丝瓜炒虾球

[原料]

丝瓜130克，草菇100克，虾仁90克，胡萝卜片、姜片、蒜末、葱段各少许

[调料]

盐3克，鸡粉、蚝油、料酒、水淀粉、食用油各适量

[做法]

1 原料洗净；草菇、丝瓜切小块；虾仁去虾线，用盐、鸡粉、水淀粉、食用油抹匀，腌渍。

2 水烧开，放盐、食用油，倒入草菇煮1分钟捞出。

3 胡萝卜片、姜片、蒜末、葱段入油锅爆香，倒入虾仁、料酒、丝瓜、草菇炒透，加蚝油、盐、鸡粉、水淀粉炒匀即成。

时间：5分钟

平菇

[别名] 侧耳、蚝菇

保健功效

平菇中含有抗肿瘤细胞的多糖，可抑制肿瘤细胞。平菇含有多种营养成分及菌糖、甘露醇糖等，可改善人体新陈代谢、增强体质、调节植物神经功能。平菇对肝炎、慢性胃炎、胃和十二指肠溃疡、软骨病、高血压等都有疗效。

营养分析含量表
（每100克含量）

20kcal	热量
0.06mg	硫胺素
0.16mg	核黄素
3.1mg	烟酸
2.3g	膳食纤维
2μg	维生素A
0.7μg	胡萝卜素
92.5μg	视黄醇当量

选购保存

应选择个体完整、无虫蛀、质地脆嫩而肥厚的平菇。平菇干品放置在干燥阴凉处可长期保存；鲜品用保鲜膜封好，放置在冰箱冷藏室中，可保存1周左右。

清洗方法

将平菇的根部切除，放入清水中，加适量的食盐，搅拌后浸泡5分钟，用手仔细地清洗菌柄的泥沙，再放在流水下冲洗干净。

刀工处理：切条

1. 取洗净的平菇，将菌柄与菌伞分离。
2. 用刀将菌伞对半切，一分为二。
3. 将菌柄切成条状即可。

特别提示

平菇可以炒、烩、烧，口感好，营养价值高，平菇鲜品出水较多，易被炒老，需掌握好火候。平菇最适宜炖汤食用，营养流失较少。

黑蒜炒平菇

[原料]

黑蒜150克，平菇350克，彩椒75克，葱段、姜片、蒜末各少许

[调料]

盐2克，鸡粉3克，生抽5毫升，水淀粉、食用油各适量

[做法]

1 洗净的平菇用手撕开；洗好的彩椒切成块。
2 锅中注水烧开，倒入平菇，焯至断生，关火后捞出，沥干水分，装盘待用。
3 用油起锅，倒入姜片、蒜末爆香，放入彩椒、平菇，炒匀。
4 放入黑蒜，加入生抽、盐、鸡粉，炒匀，加入葱段、水淀粉，翻炒约2分钟，装盘即可。

时间：5分钟　扫一扫看视频

酱炒平菇肉丝

[原料]

平菇270克，瘦肉160克，姜片、葱段各少许

[调料]

盐2克，鸡粉3克，黄豆酱12克，豆瓣酱15克，水淀粉、料酒、食用油各适量

[做法]

1 洗净的瘦肉切丝，装碗，加料酒、盐、水淀粉、食用油拌匀，腌渍10分钟。
2 平菇焯水后捞出。
3 起油锅，倒入瘦肉丝，炒至转色，下姜片、葱段，炒香，加入黄豆酱、豆瓣酱，炒匀。
4 放入平菇，炒匀，加入盐、鸡粉，炒匀，倒入水淀粉，翻炒约2分钟，装入盘中即可。

时间：15分钟　扫一扫看视频

金针菇

「别名」金菇、朴菇

保健功效

金针菇含人体必需氨基酸成分较全，能提高免疫力。金针菇锌含量高，能提高智力，促进生长发育，所以有"智力菇"的美誉。金针菇为高钾低钠的食物，可防治高血压，降低胆固醇。金针菇中的有效成分能消除重金属毒素，抑制癌细胞的生长与扩散。

营养分析含量表
（每100克含量）

26kcal	热量
2.4g	蛋白质
0.4g	脂肪
3.3g	碳水化合物
0.15mg	硫胺素
0.19mg	核黄素
4.1mg	烟酸
2mg	维生素C

选购保存

品质良好的金针菇，颜色为淡黄至黄褐色，还有一种色泽白嫩的，应该是污白或乳白。金针菇用保鲜膜封好，放置在冰箱中，可存放1周。

清洗方法

用刀将金针菇的根部切除，放入淡盐水中浸泡片刻，再放在流水下冲洗干净，沥干水分即可。

刀工处理：切段

1.取洗净的金针菇，摆放整齐，将根部切平整。
2.用直刀法将金针菇拦腰切开。
3.将切好的段摆放整齐，装起来即可。

特别提示　金针菇食用方式多样，可清炒、煮汤，亦可凉拌，是火锅的原料之一。金针菇宜熟食，不宜生吃，变质的金针菇不要吃。

鱿鱼炒金针菇

[原料]

鱿鱼300克，红、黄彩椒各25克，金针菇90克，姜片、蒜末、葱白各少许

[调料]

盐3克，鸡粉3克，料酒7毫升，水淀粉6毫升，食用油适量

[做法]

1. 金针菇切去根部；处理干净的鱿鱼内侧切上麦穗花刀，改切成片；彩椒切成丝。

2. 把鱿鱼用盐、鸡粉、料酒、水淀粉抓匀，腌渍10分钟，倒入沸水锅中，氽至鱿鱼片卷起，捞出备用。

3. 热油爆香姜片、蒜末、葱白，倒入鱿鱼，淋料酒炒香，放入金针菇、彩椒炒软。

4. 加入盐、鸡粉，炒匀调味，倒入适量水淀粉，拌炒均匀，装盘即可。

时间：2分钟　　扫一扫看视频

金针菇炒肚丝

[原料]

猪肚150克，金针菇100克，红椒20克，香叶、八角、姜片、蒜末、葱段各少许

[调料]

盐4克，鸡粉、料酒、生抽、水淀粉、食用油各适量

[做法]

1. 沸水中倒入香叶、八角、猪肚，加盐、料酒、生抽，猪肚煮熟后捞出切粗丝；红椒切细丝。

2. 姜片、蒜末、葱段入油锅爆香，放入金针菇、猪肚、红椒丝炒软，加盐、鸡粉、生抽、水淀粉炒匀即成。

时间：5分钟　　扫一扫看视频

茶树菇

「别名」杨树菇、柳松茸

🫘 保健功效

茶树菇含大量抗癌多糖，有很好的抗癌作用。茶树菇具有补肾滋阴、健脾胃、提高免疫力、增强人体防病能力以及抗衰老的功效，对肾虚尿频、水肿、气喘，尤其是小儿低热尿床，有独特的食疗效果。

营养分析含量表
（每100克含量）

55kcal	热量
14.2g	蛋白质
14.4g	纤维素
9.93g	总糖
4713.9mg	钾
186.6mg	钠
26.2mg	钙
42.3mg	铁

🧺 选购保存

以菇形基本完整、菌盖有弹性、菌柄脆嫩的茶树菇为佳。茶树菇先包一层纸，再放入塑料袋，置于阴凉通风干燥处保存即可；或者用保鲜袋将茶树菇装起来，放入冰箱冷藏。

🚰 清洗方法

用刀将茶树菇根部切除，放入清水中清洗；换一盆清水，放茶树菇，加少量食盐浸泡15分钟，捞出，放在流水下清洗干净。

🔪 刀工处理：切段

1.取洗净的茶树菇，用刀将茶树菇的根部切除。
2.将茶树菇摆放整齐，拦腰对半切开成两段。
3.将切好的段状摆放整齐，装起来即可。

特别提示 茶树菇干品先用清水快速冲洗1次，入清水中浸泡35分钟左右，烹调时将茶树菇和浸泡水一并放入肉类汤中煲汤，也可炒烩、凉拌及涮食。

茶树菇炒鸡丝

⏱ 时间：15分钟

[原料]

茶树菇······250克
鸡肉······200克
鸡蛋清······50克
红椒······45克
青椒······30克
葱段、蒜末、姜片······少许

[调料]

盐······4克
料酒······12毫升
白胡椒粉······2克
鸡粉······2克
白糖······2克
水淀粉······8毫升
食用油······适量

[做法]

1 洗净的红椒、青椒切开，去籽切条；处理好的鸡肉切丝。

2 鸡肉装碗，加入盐、料酒、白胡椒粉、鸡蛋清、水淀粉，拌匀，倒入食用油，腌渍10分钟。

3 锅中注水烧开，倒入茶树菇，氽煮去除杂质，捞出沥水。

4 起油锅，倒入鸡肉丝，炒至转色，下姜片、蒜末，炒出香味。

5 倒入茶树菇，淋入料酒、清水炒匀，用盐、鸡粉、白糖调味。

6 倒入青椒、红椒，快速炒匀，淋上水淀粉，翻炒均匀。

7 倒入葱段，炒出香味，关火，将炒好的菜肴盛出装入盘中。

 TIPS

鸡肉丝不宜炒制过久，以免炒老。

扫一扫看视频

pleurotus eryngii

杏鲍菇

[别名] 干贝菇、刺芹侧耳

保健功效

杏鲍菇的蛋白质含量高，且氨基酸种类齐全，能提高人体免疫力。经常食用杏鲍菇，能软化和保护血管，降低人体中的血脂和胆固醇，还有助于胃酸的分泌和食物的消化，可辅助治疗饮食积滞症。

营养分析含量表
（每100克含量）

31kcal	热量
2.1g	膳食纤维
E0.6µg	维生素E
0.03mg	硫胺素
0.14g	核黄素
242mg	钾
13mg	钙
42.9µg	叶酸

选购保存

杏鲍菇以菌肉肥厚，质地脆嫩，特别是菌柄组织致密、结实、乳白色者为佳。可将杏鲍菇装在保鲜袋中，放在冰箱冷冻室内，随吃随取。

清洗方法

取一盆淘米水，将杏鲍菇放入盆里，浸泡15分钟左右，用手抓洗杏鲍菇，再放在流水下冲洗，沥干水分即可。

刀工处理：切片

1.取洗净的杏鲍菇，用刀将一侧切平整。
2.将杏鲍菇切成片状。
3.将剩余的杏鲍菇切成片即可。

特别提示 杏鲍菇肉质肥嫩，适合炒、烧、烩、炖、做汤及火锅用料，亦适宜西餐；即使做凉拌菜，口感都非常好，加工后口感脆、韧，呈白色至奶黄色，外观好。杏鲍菇比较吸油，所以倒油的时候要稍微多一些。

盐酥杏鲍菇

时间：9分钟

[原料]

杏鲍菇·······················200克
红辣椒·························2个
蒜·····························5瓣
葱花··························适量
低筋面粉······················40克
玉米粉························20克
蛋黄···························1个

[调料]

盐····························适量
食用油························适量

[做法]

1 低筋面粉与玉米粉拌匀，加入冰水后迅速拌匀，再加入蛋黄后拌匀，即成粉浆，备用。

2 杏鲍菇切小块；红辣椒、蒜切末。

3 杏鲍菇裹上粉浆，入热油锅以大火炸约1分钟至表皮酥脆，起锅沥油备用。

4 锅中留少许油，放入葱花、蒜末、红辣椒末，小火爆香。

5 放入杏鲍菇炒匀，放入盐调味，大火快速翻炒均匀即可。

TIPS

炸杏鲍菇的时候注意表皮炸至金黄的时候要及时捞出，以免炸过头。

黑木耳

「别名」云耳、木耳

🐾 保健功效

黑木耳富含铁，可防治缺铁性贫血；富含纤维素，经常食用，有清胃涤肠的功效。黑木耳能维持体内凝血因子的正常水平，防止出血，对胆结石、肾结石等内源性异物有比较显著的化解功效，还能增强机体免疫力，防癌抗癌。

营养分析含量表

（每100克含量）

21kcal	热量
1.5g	蛋白质
0.2g	脂肪
7.51mg	维生素E
34mg	钙
57mg	镁
5.5mg	铁
91.8μg	视黄醇当量

🧺 选购保存

优质的黑木耳干制前耳大肉厚，长势坚挺有弹性；干制后整耳收缩均匀，干薄完整，手感轻盈。黑木耳应放在通风、透气、干燥、凉爽的地方保存，避免阳光长时间照射。

💧 清洗方法

将黑木耳放入温水中，加入适量淀粉，用手搅匀，浸泡15分钟，用手搓洗木耳。换一盆清水，将木耳放在流水下冲洗干净。

🔪 刀工处理：切小块

1.取洗净的木耳，用刀将木耳的蒂部切除。

2.将少量木耳叠放在一起。

3.将木耳切成小块。

特别提示

食用鲜木耳可中毒，新鲜木耳中含有一种化学名称为"卟啉"的特殊物质，因为这种物质的存在，人吃了新鲜木耳后，经阳光照射会发生植物日光性皮炎，引起皮肤瘙痒，使皮肤暴露部分出现红肿、痒痛，产生皮疹、水泡、水肿。相比起来，食用干木耳更安全。

黄瓜炒木耳 时间：5分钟

[原料]

黄瓜·······180克
水发木耳·······100克
胡萝卜·······40克
姜片·······少许
蒜片·······少许
葱段·······少许

[调料]

盐·······2克
鸡粉·······2克
白糖·······2克
水淀粉·······10毫升
食用油·······适量

[做法]

1 洗好去皮的胡萝卜切片；洗净的黄瓜切开，去瓤，斜刀切段。

2 用油起锅，倒入姜片、蒜片、葱段，爆香，放入胡萝卜片和洗好的木耳，翻炒匀。

3 放入黄瓜段，炒匀，加入盐、鸡粉、白糖调味。

4 倒入水淀粉，翻炒均匀，关火后盛出炒好的菜肴即可。

 TIPS

黄瓜应用大火快炒，以免营养流失。

扫一扫看视频

四季豆

「别名」菜豆、芸豆

保健功效

四季豆中含有可溶性纤维，可降低胆固醇。四季豆含有皂苷、尿毒酶和多种球蛋白等独特成分，能增强机体的抗病能力。四季豆中的皂苷类物质能降低机体对脂肪的吸收，促进脂肪代谢，起到排毒瘦身的功效。

营养分析含量表
（每100克含量）

28kcal	热量
2g	蛋白质
0.4g	脂肪
4.2g	碳水化合物
1.5g	膳食纤维
35mg	维生素A
0.6mg	胡萝卜素
91.3mg	视黄醇当量

选购保存

选购四季豆时，应挑选豆荚饱满、表皮光洁无虫痕、具有弹性者。四季豆直接用塑料袋装好放入冰箱冷藏，能保存5～7天。

清洗方法

将四季豆放进洗菜盆里，注入清水，加入淘米水，浸泡10～15分钟，把两边的老筋除去，再用清水冲洗2～3遍，沥干水即可。

刀工处理：切段

1. 取洗净的四季豆，整齐地放在砧板上。
2. 将四季豆的头切除。
3. 将四季豆在1/3处切段。
4. 将剩下的四季豆再切成段。
5. 将四季豆尾部切除。
6. 将切成段的四季豆摆放整齐，备用即可。

特别提示

四季豆中含有蛋白质和多种氨基酸，经常食用能健脾利胃、增进食欲。夏季多食四季豆能消暑、清口。为了防止中毒，四季豆食用前应加以处理，可用沸水焯透或用热油煸，直到变色熟透方可食用。

干煸四季豆

 时间：10分钟

[原料]

四季豆·······················300克
干辣椒·························3克
蒜末·························少许
葱白·························少许

[调料]

盐·····························3克
味精···························2克
生抽·························适量
豆瓣酱·······················适量
料酒·························适量
食用油·······················适量

[做法]

1　四季豆洗净切段。

2　热锅注油，烧至四成热，倒入四季豆，滑油片刻捞出。

3　锅底留油，下蒜末、葱白、干辣椒爆香，倒入四季豆。

4　加盐、味精、生抽、豆瓣酱、料酒，翻炒约2分钟至入味，盛出装盘即可。

TIPS

四季豆营养丰富，不过烹调时一定要炒熟，没炒熟的四季豆吃了会引起中毒，因此可以用水焯熟后再炒。

扁豆

[别名] 小刀豆、南豆

保健功效

扁豆种皮上含有丰富的食物纤维，具有消除便秘、预防癌症的功效。扁豆含磷、钙、糖类、维生素B_1、维生素B_2和烟酸等成分，对体倦乏力、暑湿为患、脾胃不和等症状有一定的食疗效果。扁豆含有血球凝集素，可以激活肿瘤病人的淋巴细胞，起到显著的消退肿瘤作用。

营养分析含量表

（每100克含量）

326kcal	热量
25.3g	蛋白质
55.4g	碳水化合物
6.5g	膳食纤维
5µg	维生素A
2.5µg	胡萝卜素
9.9µg	视黄醇当量
0.45mg	核黄素

选购保存

质量好的扁豆个体肥大，荚长10厘米左右，皮色鲜嫩，无虫无伤。扁豆可装入保鲜袋，挤掉空气，扎好，然后放入冰箱冷藏室保存。

清洗方法

将扁豆的筋撕掉，把扁豆放入水中，加入适量的食盐，浸泡15分钟左右，捞出，放在流水下冲洗干净，沥干水分即可。

刀工处理：切丝

1.取洗净的扁豆，倾斜地摆放整齐。

2.用刀切丝状。

3.将所有扁豆都依次切成均匀的丝状即可。

特别提示

扁豆品种较多，多以嫩荚供食用，只有红荚种可荚粒兼用，鼓粒的口感也好，富香味。青荚种以及青荚红边种都以嫩荚口感更好，不可购买鼓粒的。

扁豆丝炒豆腐干

时间：5分钟

[原料]

豆腐干·····················100克
扁豆·······················120克
红椒·························20克
姜片·························少许
葱白·························少许
蒜末·························少许

[调料]

盐···························3克
鸡粉·························2克
水淀粉·····················适量
食用油·····················适量

[做法]

1 洗净的豆腐干、扁豆、红椒切丝。

2 锅中注水烧热，放盐、食用油，倒入扁豆煮1分钟，捞出。

3 起油锅，下姜片、蒜末、葱白爆香，加扁豆丝、豆腐干，翻炒片刻，用盐、鸡粉调味。

4 倒入红椒丝、水淀粉，炒匀后装盘。

TIPS

焯煮扁豆的时间不宜过长，以免煮得过老，影响口感。

扫一扫看视频

豌豆

[别名] 回回豆、雪豆、寒豆

保健功效

豌豆中的维生素C有助于预防雀斑和黑斑的形成。豌豆中的B族维生素可以促进糖类和脂肪的代谢，有助于改善肌肤状况。豌豆荚还含有较丰富的纤维素，有清肠作用，可以防治便秘。

营养分析含量表

（每100克含量）

105kcal	热量
7.4g	蛋白质
0.3g	脂肪
21.2g	碳水化合物
3g	膳食纤维
14mg	维生素C
21mg	钙
1.7mg	铁

选购保存

扁圆形的豌豆表示其正值最佳的成熟度。豌豆上市的早期要买饱满的，后期要买偏嫩的。买回来的豌豆不要洗，直接放入冰箱冷藏即可。

清洗方法

用手撕掉豌豆的筋，将豌豆放入淘米水中浸泡15分钟，然后用手抓洗豌豆，再放在流水下冲洗干净，沥干水分即可。

刀工处理：切丁

1.取洗净的豌豆，摆放整齐，将一端切平整。
2.用刀切丁状。
3.将豌豆依次切成均匀的丁状即可。

特别提示

豌豆适合与富含氨基酸的食物一起烹调，可以明显提高豌豆的营养价值。荚用豌豆供清炒，也可作汤，粮用豌豆可与米煮粥。

豌豆玉米炒虾仁

[原料]

豌豆120克，玉米粒80克，虾仁100克，姜片、蒜末、葱段各少许

[调料]

盐、鸡粉各2克，料酒10毫升，水淀粉、食用油各适量

[做法]

1　洗好的虾仁切小块，装碗，用少许盐、鸡粉、料酒、水淀粉抹匀上浆，腌渍15分钟。

2　水烧开，加入盐、食用油，放入豌豆、玉米粒，焯煮至断生，捞出沥水。

3　起油锅，下姜片、蒜末、葱段爆香，倒入虾仁，翻炒至呈淡红色。

4　放入焯煮过的材料，加入盐、鸡粉，炒匀调味，用水淀粉勾芡，盛出装入盘中。

 时间：22分钟　扫一扫看视频

灵芝豌豆

[原料]

豌豆120克，彩椒丁、灵芝、姜片、葱白各少许

[调料]

盐、鸡粉、白糖各2克，水淀粉10毫升，胡椒粉、食用油各适量

[做法]

1　水烧开，倒入洗净的豌豆、灵芝，加入少许盐，煮半分钟，捞出沥水。

2　取一碗，加入盐、白糖、水淀粉、胡椒粉，制成味汁，备用。

3　用油起锅，倒入姜片、葱白，爆香。

4　放入彩椒丁和焯过水的材料，炒匀。

5　倒入味汁，加入鸡粉，炒匀后盛出即可。

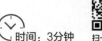 时间：3分钟　 扫一扫看视频

豆角

[别名] 豇豆、长豆角、长子豆

保健功效

豆角所含的B族维生素能维持正常的消化腺分泌和胃肠道蠕动的功能，抑制胆碱酶活性，可帮助消化，增进食欲。豆角中的磷脂有促进胰岛素分泌、参与糖代谢的作用，是糖尿病患者的理想食品。

营养分析含量表
（每100克含量）

322kcal	热量
19.3g	蛋白质
58.5g	碳水化合物
10μg	维生素A
3μg	胡萝卜素
10.9μg	视黄醇当量
8.61mg	维生素E
737mg	钾

选购保存

一般以粗细均匀、子粒饱满的豆角为佳，而有裂口、皮皱、表皮有虫痕的则不宜购买。豆角一般采用塑料袋密封保鲜，放在阴凉通风的地方保存。

清洗方法

烧一锅热水，将豆角放入热水中焯烫，用勺子搅动，捞出来后放在流水下冲洗干净即可。

刀工处理：切斜段

1.取洗净的豆角，摆放整齐，将一端斜切整齐。

2.将豇豆斜切成段。

3.用刀将豇豆依次斜切成同样的段状即可。

特别提示

豆角在炒之前要先焯一下，成品的色泽才会翠绿。豆角烹调的时间不可过长，以免造成营养损失。

虾仁炒豆角

[原料]

虾仁60克，豆角150克，红椒10克，姜片、蒜末、葱段各少许

[调料]

盐3克，鸡粉2克，料酒4毫升，水淀粉、食用油各适量

[做法]

1 洗净的豆角切段；洗好的红椒切条；洗净的虾仁去除虾线。

2 虾仁装碗，用盐、鸡粉，水淀粉、食用油拌匀腌渍。

3 水烧开，加食用油、盐，倒入豆角煮1分钟，捞出沥水。

4 起油锅，下姜片、蒜末、葱段爆香，倒入红椒、虾仁，翻炒几下。

5 淋入料酒，倒入焯煮过的豆角，翻炒匀，加入鸡粉、盐调味。

6 加少许清水略煮，用水淀粉勾芡，炒透即可。

 时间：15分钟　扫一扫看视频

川香豆角

[原料]

豆角350克，蒜末5克，干辣椒3克，花椒8克，白芝麻10克

[调料]

盐2克，鸡粉3克，蚝油、食用油各适量

[做法]

1 洗净的豆角切成段。

2 用油起锅，倒入蒜末、花椒、干辣椒，爆香。

3 放入豆角炒匀，加少许清水，翻炒5分钟至熟。

4 加入盐、蚝油、鸡粉，翻炒3分钟至入味，盛出装入盘中，最后撒上白芝麻。

 时间：10分钟　扫一扫看视频

豆腐

[别名] 小宰羊、白虎

豆腐是我国的一种传统食品，人们把黄豆加水发胀，磨浆去渣，煮熟后加入盐卤或石膏，使豆浆中的蛋白质凝固就做成了豆腐。

🫘 保健功效

豆腐不仅可以预防结肠癌，还有助于预防心脑血管疾病。豆腐含有丰富的植物雌激素，对防治骨质疏松症有良好作用，能保护血管内皮细胞不被氧化破坏，常食可减轻血管系统的破坏，预防乳腺癌和前列腺癌的发生。

营养分析含量表
（每100克含量）

81kcal	热量
8.1g	蛋白质
125mg	钾
3.8g	碳水化合物
164mg	钙
27mg	镁
1.2μg	胡萝卜素
82.8μg	视黄醇当量

🧺 选购保存

优质豆腐呈均匀的乳白色或淡黄色，有光泽，块形完整，软硬适度，富有一定的弹性。未包装的豆腐很容易腐坏，应浸泡于水中，放入冰箱冷藏，烹调前再取出，并在购买当天食用完毕。

豆腐皮

[别名] 油皮、千张

豆腐皮是大豆磨浆烧煮后，凝结干制而成的豆制品，皮薄透明，半圆而不破，黄色有光泽，柔软不黏，表面光滑，色泽乳白微黄光亮，风味独特，是高蛋白、低脂肪、不含胆固醇的营养食品。

🫘 保健功效

豆腐皮能防止血管硬化，预防心血管疾病，保护心脏，还有助于促进骨骼生长，降低乳腺癌的发生几率。

营养分析含量表
（每100克含量）

409kcal	热量
44.6g	蛋白质
1.5mg	烟酸
18.6g	碳水化合物
0.31mg	硫胺素
116mg	钙
111mg	镁
13.9mg	铁

🧺 选购保存

质量良好的豆腐皮，色白味淡，柔软而富有弹性，有豆香味。豆腐皮买回来后，晒凉，分张，一张包一个袋，放在冰箱冷冻室内，吃多少取多少，不会轻易坏，烹饪前，拿出来放水里化一下即可，单张装容易解冻。

豆腐干

[别名] 豆干、香干、白干

豆腐干是豆腐的再加工制品，咸香爽口，硬中带韧。豆腐干在制作过程中会添加食盐、茴香、花椒、大料、干姜等调料，既香又鲜，久吃不厌。

保健功效

豆腐干可防止因缺钙引起的骨质疏松，促进骨骼发育，对小儿、老人的骨骼生长极为有利。

营养分析含量表
（每100克含量）

140kcal	热量
16.2g	蛋白质
308mg	钙
10.7g	碳水化合物
140mg	钾
76.5mg	钠
3.5μg	胡萝卜素
65.2μg	视黄醇当量

选购保存

好的豆腐干形状整齐，有弹性，细嫩，挤压后无液体渗出，呈乳白或淡黄色，稍有光泽，气味清香。豆腐干买回来后应尽快食用完，如果没有食用完，可擦去表面水分，放于保鲜袋中，置于冰箱冷藏区保存。

腐竹

[别名] 腐皮

腐竹具有浓郁的豆香味，同时还有着其他豆制品所不具备的独特口感。它只有薄薄的一层皮，其实是用豆浆加工而成的，在豆制品中营养最高。

保健功效

腐竹含有大量谷氨酸，起健脑、预防老年痴呆的作用。腐竹中所含的磷脂能够防治高脂血症、动脉硬化，抗溃疡。

营养分析含量表
（每100克含量）

459kcal	热量
44.6g	蛋白质
27.84mg	维生素E
21.3g	碳水化合物
3.5μg	胡萝卜素
7.9μg	视黄醇当量
77mg	钙
71mg	镁

选购保存

质量好的腐竹为枝条或片叶状，呈淡黄色，有光泽；质脆易折，条状折断有空心，无霉斑、杂质、虫蛀；闻起来具有腐竹固有的香味。腐竹密封保存，可保存相当长一段时间。

三杯豆腐

时间：12分钟

[原料]

板豆腐 ····················· 4块
红辣椒片 ················· 10克
九层塔 ····················· 30克
姜 ·························· 15克
蒜 ·························· 10克

[调料]

生抽 ····················· 10毫升
蚝油 ······················· 6克
米酒 ····················· 3大勺
食用油 ····················· 适量

[做法]

1 蒜和姜均切成片；板豆腐洗净切块，放入热油锅中炸至定型上色后捞出。

2 取另一锅，加热后加入适量食用油，放入姜片和蒜片，爆香至微焦。

3 加入红辣椒片和炸好的板豆腐块拌炒。

4 加入生抽、蚝油、米酒，炒至入味，再放入九层塔炒匀即可。

TIPS

豆腐炸至变色即可，不要炸老了，否则影响口感。

香干烩时蔬丁

 时间：10分钟

[原料]

香干⋯⋯⋯⋯⋯⋯⋯⋯⋯1片
胡萝卜⋯⋯⋯⋯⋯⋯⋯30克
青豆⋯⋯⋯⋯⋯⋯⋯⋯30克
鲜玉米粒⋯⋯⋯⋯⋯⋯30克
葱⋯⋯⋯⋯⋯⋯⋯⋯⋯10克
蒜⋯⋯⋯⋯⋯⋯⋯⋯⋯10克

[调料]

盐⋯⋯⋯⋯⋯⋯⋯⋯⋯3克
生抽⋯⋯⋯⋯⋯⋯⋯10毫升
蚝油⋯⋯⋯⋯⋯⋯⋯⋯5克
白糖⋯⋯⋯⋯⋯⋯⋯⋯3克
胡椒粉⋯⋯⋯⋯⋯⋯⋯3克
食用油⋯⋯⋯⋯⋯⋯⋯适量
水淀粉⋯⋯⋯⋯⋯⋯⋯适量

[做法]

1 香干洗净，切丁，盛入碗中备用。

2 胡萝卜洗净，切丁；青豆、鲜玉米粒洗净；葱切花；蒜切末。

3 将生抽、蚝油、白糖和胡椒粉调匀，制成味汁。

4 用油起锅，放入部分蒜末爆香，加入香干丁翻炒1分钟，加入青豆、鲜玉米粒、胡萝卜丁，炒匀后加盐调味。

5 加入味汁，大火煮开后转小火煮约3分钟，加入剩余的蒜末和葱花翻炒匀，加水淀粉勾薄芡即成。

TIPS

香干不能切太细，不然容易翻炒碎。

美味
小炒 STIR-FRY

羊　羊　牛　牛　猪　猪　猪　猪
肚　肉　肚　肉　血　肝　肚　肉

PART 4

畜肉篇：
浓香畜肉变身下饭佳肴

畜肉是人类的营养宝库，
一桌丰盛的大餐怎能少了畜肉的身影！
一起学习畜肉小炒，
让浓香畜肉在你的巧手烹饪下，
变身人见人爱的美味下饭佳肴。

猪肉

「别名」肉、豚肉、彘肉

保健功效

猪肉具有滋阴润燥、补虚养血的功效，对消渴赢瘦、热病伤津、便秘、燥咳等病症有食疗作用。猪肉含有血红素（有机铁）和促进铁吸收的半胱氨酸，能改善缺铁性贫血。猪肉还含有丰富的B族维生素，可以增强体力，经常适量食用可促进幼儿智力的提高。

营养分析含量表

（每100克含量）

395kcal	热量
13.2g	蛋白质
37g	脂肪
2.4g	碳水化合物
18μg	维生素C
80mg	胆固醇
6mg	钙
1.6mg	铁

选购保存

新鲜猪肉有光泽、红色均匀。将猪肉切成片，然后将肉片平摊在金属盆中，置冷冻室冻硬，用塑料薄膜逐层包裹起来，置冰箱冷冻室贮存，可保存1个月不变质。

清洗方法

猪肉放入盆中，倒入淘米水，用手将猪肉在淘米水中抓洗，再用清水冲洗干净即可。

刀工处理：切片

1：将猪肉的薄膜和脂肪去除。

2．把猪肉对切成两半。

3．再将猪肉切成若干块。

4．改直刀切猪肉块。

5．连刀将猪肉切成薄片。

6．切好的肉片盛入盘中备用。

特别提示 食用猪肉后不宜大量饮茶，因为茶叶中的鞣酸会与蛋白质合成具有收敛性的鞣酸蛋白质，使肠蠕动减慢。

猪肉各部位

❶ 猪耳

猪的耳朵，富含胶质，多用于烧、卤、酱、凉拌等烹调方法。

❷ 梅花肉

猪的上肩肉，横切面瘦肉占90%，肉质鲜嫩，适合用来做叉烧肉、煎肉或烤肉，吃起来瘦而不柴，肉汁四溢。

❸ 里脊肉

脊骨下面一条与大排骨相连的瘦肉，肉中无筋，是猪肉中最嫩的部位，可作炸、熘、炒、爆之用。

❹ 臀尖肉

位于臀部上面，都是瘦肉，肉质鲜嫩，一般可代替里脊肉，多用于炸、熘、炒。

梅花肉　里脊肉　臀尖肉　猪耳　前排肉　五花肉　坐臀肉　蹄膀

❺ 前排肉

位于前腿上部，质老有筋，吸水能力较强，适合制馅、制肉丸子。其中有一排肋骨，叫小排骨，可以用来煮汤。

❻ 五花肉

肋条部位肘骨的肉，是一层肥肉一层瘦肉夹起来的，适于红烧、白炖和粉蒸等。

❼ 坐臀肉

位于后腿上方、臀尖肉的下方臀部，全为瘦肉，但肉质较老，纤维较长，一般多作为白切肉或回锅肉用。

❽ 蹄膀

位于前后腿下部，其皮厚、筋多、胶质重、瘦肉多，常带皮烹制，肥而不腻，宜烧、扒、酱、焖、卤、制汤等。

猪肉各部位的营养分析含量表（每100克含量）

	猪耳	梅花肉	前排肉	里脊肉	五花肉	臀尖肉	坐臀肉	蹄膀
热量	176kcal	169kcal	208kcal	331kcal	508kcal	289kcal	336 kcal	260kcal
脂肪	11.1g	11.12g	14.7g	30.8g	52.33g	25.3g	30.8g	18.8g
蛋白质	19.1g	17.19g	18.9g	14.6g	9.27g	15.3g	14.6g	22.6g
胆固醇	92mg	62mg	47mg	69mg	83mg	-	87mg	192mg

大豆油清炒肉片 ⏱ 时间：16分钟

[原料]

猪里脊肉·····························200克
青椒·····································35克
红椒·····································40克
姜片·····································少许
蒜末·····································少许

[调料]

大豆油·································适量
盐···2克
鸡粉·····································2克
白糖·····································2克
水淀粉·································7毫升
料酒·····································5毫升
胡椒粉·································少许

[做法]

1 洗净的青椒、红椒切小块；猪里脊肉去筋膜，切片。

2 肉片装入碗中，放盐、料酒、胡椒粉、水淀粉、大豆油，拌匀，腌渍10分钟。

3 锅置火上烧热，倒入大豆油，烧至三成热，倒入肉片，滑油至转色，捞出，沥干油分，装盘待用。

4 将青椒、红椒倒入油锅滑油片刻，捞出，沥干油分。

5 锅置火上烧热，加少许大豆油，放入姜片、蒜末，爆香。

6 倒入肉片，略炒，加入青椒、红椒，淋入料酒，加少许清水。

7 放盐、鸡粉、白糖，炒匀调味，用水淀粉勾芡，盛出装盘。

扫一扫看视频

 TIPS

猪肉要斜切，猪肉的肉质比较细、筋少，如横切，炒熟后变得凌乱散碎；斜切可使其不破碎，且吃起来不塞牙。

银耳炒肉丝 时间：20分钟

[原料]

水发银耳·····················200克
猪瘦肉·····················200克
红椒·····················30克
姜片·····················少许
蒜末·····················少许
葱段·····················少许

[调料]

料酒·····················4毫升
生抽·····················3毫升
盐·····················适量
鸡粉·····················适量
水淀粉·····················适量
食用油·····················适量

[做法]

1 银耳切去黄色根部，再切小块；洗好的红椒切开，去籽切丝。

2 洗净的瘦肉切丝，装碗，放入盐、鸡粉、水淀粉、食用油，抓匀，腌渍10分钟。

3 水烧开，加入食用油、盐，倒入银耳，搅匀，煮沸后捞出。

4 用油起锅，放入姜片、蒜末，爆香，下肉丝炒至松散，加料酒，炒至肉丝变色。

5 倒入银耳炒匀，放入红椒丝，加盐、鸡粉、生抽，炒匀调味。

6 倒入水淀粉勾芡，撒上葱段，把食材翻炒匀，盛出装盘。

  TIPS

扫一扫看视频

银耳的根部及根部黄色部分在处理时最好去掉，以免影响口感。

五花肉炒黑木耳   时间：5分钟

[原料]

五花肉350克，水发黑木耳200克，红彩椒40克，香芹55克，蒜块、葱段各少许

[调料]

盐、鸡粉各1克，生抽、水淀粉各5毫升，豆瓣酱35克，食用油适量

[做法]

1 洗净的香芹切段；洗好的红彩椒切滚刀块；洗净的五花肉切片。

2 热锅注油，倒入切好的五花肉，煎炒2分钟至油脂析出。

3 倒入蒜块、葱段、豆瓣酱，炒匀。

4 放入泡好的黑木耳，炒匀，加入生抽。

5 倒入红彩椒、香芹，翻炒1分钟至熟。

6 加入盐、鸡粉，炒匀至入味。

7 用水淀粉勾芡，翻炒至收汁，盛出装盘即可。

扫一扫看视频   TIPS

口味偏辣的话，可放入适量干辣椒爆香。

酸豆角炒猪耳

[原料]

卤猪耳200克，酸豆角150克，朝天椒10克，蒜末、葱段各少许

[调料]

盐2克，鸡粉2克，生抽3毫升，老抽2毫升，水淀粉10毫升，食用油适量

[做法]

1. 将酸豆角的两头切掉，再切长段；洗净的朝天椒切圈；卤猪耳切片。

2. 锅中注入适量清水烧开，倒入酸豆角，拌匀，煮1分钟，减轻其酸味，捞出酸豆角，沥干水分，待用。

3. 用油起锅，倒入猪耳炒匀，淋入少许生抽、老抽，炒香炒透，撒上蒜末、葱段、朝天椒，炒出香辣味。

4. 放入酸豆角，炒匀，加入盐、鸡粉，炒匀调味，倒入水淀粉勾芡，关火后盛出炒好的菜肴即可。

时间：4分钟　扫一扫看视频

小炒猪皮

[原料]

熟猪皮200克，青彩椒、红彩椒各30克，小米泡椒50克，葱段、姜丝各少许

[调料]

盐、鸡粉各1克，白糖3克，老抽2毫升，生抽、料酒各5毫升，食用油、辣椒油各适量

[做法]

1. 猪皮切丝；洗净的彩椒切段；泡椒对半切开。

2. 热锅注油，用姜丝、泡椒爆香，倒入猪皮，加入白糖，翻炒约2分钟，加生抽、料酒炒匀。

3. 放入彩椒，加盐、鸡粉、老抽炒匀，加入葱段、辣椒油，炒至入味。

时间：5分钟

干煸麻辣排骨

时间：15分钟

[原料]

排骨·······················500克
黄瓜·······················200克
朝天椒·····················30克
蒜末、葱花·················少许

[调料]

盐·························2克
鸡粉·······················2克
辣椒粉·····················适量
花椒粉·····················适量
生抽·······················5毫升
生粉·······················15克
料酒·······················15毫升
辣椒油·····················4毫升
花椒油·····················2毫升
食用油·····················适量

[做法]

1 洗净的黄瓜切丁；洗好的朝天椒切碎。

2 洗净的排骨装入碗中，加生抽、盐、鸡粉、料酒、生粉，用手抓匀。

3 热锅注油，烧至五成热，放入排骨，炸至金黄色，捞出沥油。

4 锅底留油，倒入蒜末、花椒粉、辣椒粉，爆香。

5 放入朝天椒、黄瓜，快速翻炒均匀。

6 倒入炸好的排骨，加入盐、鸡粉、料酒，炒匀提味。

7 倒入少许辣椒油、花椒油，翻炒均匀。

8 撒入备好的葱花，快速炒匀，盛出装入盘中。

扫一扫看视频

 TIPS

排骨不要一起放入油锅中，以免粘连在一起。

怪味排骨

⏱ 时间：17分钟

[原料]

排骨段	300克
鸡蛋	1个
红椒	20克
姜片	少许
蒜末	少许
葱段	少许

[调料]

盐	4克
鸡粉	4克
陈醋	15毫升
白糖	6克
生抽	5毫升
生粉	20克
食用油	适量

[做法]

1 洗净的红椒切开，去籽，切小块。

2 排骨装碗，加入鸡蛋黄、盐、鸡粉、生粉，搅匀上浆，腌渍10分钟。

3 油锅烧至五六成热，下排骨用小火炸约2分钟，捞出沥油。

4 锅底留油烧热，倒入姜片、蒜末，翻炒爆香，倒入红椒块。

5 加入陈醋、白糖、生抽，翻炒调味。

6 倒入排骨，翻炒均匀使其入味，撒上葱段，炒出香味后出锅。

扫一扫看视频

 TIPS

排骨先用刀背或锤肉器将肉拍松散再腌渍，炸出来的排骨更软嫩可口。

火腿

[别名] 熏蹄、南腿、兰熏

火腿为猪肉的腌制品之一，是腌制或熏制的猪腿，因成品呈酱红色，似火烤，故得名。

保健功效

火腿制作经冬历夏，经过发酵分解，各种营养成分更易被人体所吸收，具有养胃生津、益肾壮阳、固骨髓、健足力、愈创口等作用。火腿含有丰富的氨基酸，能提高机体的免疫力。

营养分析含量表
（每100克含量）

330kcal	热量
16g	蛋白质
27.4g	脂肪
4.9g	碳水化合物
46μg	维生素A
120mg	胆固醇
220mg	钾
1086.7mg	钠

选购保存

要选择精多肥少、腿心饱满、皮面平整、刀工光洁、形似竹叶的火腿。原只火腿应整体保存，挂在空气流通和蔽荫处。火腿肠可直接放入冰箱冷藏层保存，能保存较长时间。

培根

[别名] 烟肉

培根是西式肉制品三大主要品种之一，是由经腌熏等加工的猪胸肉或其他部位的肉熏制而成。其风味除带有适口的咸味之外，还具有浓郁的烟熏香味。培根外皮油润呈金黄色，皮质坚硬，瘦肉呈深棕色，质地干硬，切开后肉色鲜艳。

保健功效

培根主要有健脾、开胃、祛寒、消食等功效。

营养分析含量表
（每100克含量）

181kcal	热量
22.3g	蛋白质
9g	脂肪
2.6g	碳水化合物
3μg	胡萝卜素
0.11mg	维生素E
46mg	胆固醇
294mg	钾

选购保存

优质的培根色泽光亮，瘦肉部分呈鲜红色，略显暗红色；肥肉部分透明或呈乳白色。表面干爽，用手指按压，能感觉肉质结实有弹性。培根应用保鲜袋包裹好，放在冰箱保温层，并将温度调至4℃左右贮藏。

腊肠

「别名」灌肠

腊肠是指以肉类为原料，切绞成丁，配以辅料，灌入动物肠衣经发酵、成熟、干制成的中国特色肉制品，是中国肉类制品中品种最多的一大类产品。

保健功效

腊肠滋味咸中带甜，细品时芳香浓郁，可开胃助食，增进食欲。

营养分析含量表
（每100克含量）

584kcal	热量
22g	蛋白质
48.3g	脂肪
15.3g	碳水化合物
100mg	钾
1420mg	钠
69mg	磷
8.77µg	硒

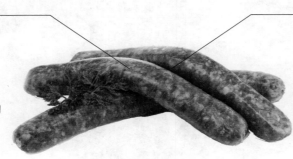

选购保存

优质腊肠色泽光润、瘦肉粒呈自然红色或枣红色。腊肠可用食品胶袋或食品纸袋装好，封口，放入冰箱，放在冷藏层可保存90天左右。

腊肉

「别名」腌肉

腊肉选用新鲜的带肉皮的五花肉，分割成块，用盐和少量亚硝酸钠或硝酸钠、黑胡椒、丁香、香叶、茴香等香料腌渍，再经风干或熏制而成，过去腊肉都是在农历腊月（12月）加工，故称腊肉。

保健功效

腊肉具有开胃、祛寒、消食等功效。

营养分析含量表
（每100克含量）

498kcal	热量
11.8g	蛋白质
48.8g	脂肪
2.9g	碳水化合物
96µg	维生素A
22mg	钙
35mg	镁
7.5mg	铁

选购保存

选购腊肉时，以色泽鲜明、肌肉暗红、肉质结实、干燥、有腊肉的固有香味者为佳。买回家的腊肉，用绳吊起来，放在通风地方吹，放得越久味道越好。

口蘑炒火腿 ⏱ 时间：4分钟

[原料]

口蘑·······················100克
火腿肠·····················180克
青椒·······················25克
姜片·······················少许
蒜末·······················少许
葱段·······················少许

[调料]

盐、鸡粉·····················2克
生抽·······················适量
料酒·······················适量
水淀粉·····················适量
食用油·····················适量

[做法]

1 洗净的口蘑切成片；洗好的青椒对半切小块。

2 火腿肠去除外包装，对半切开，再切成片。

3 水烧开，加盐、食用油，放入口蘑、青椒煮至断生，捞出。

4 热锅注油，烧至四成热，倒入火腿肠炸约半分钟捞出，装盘。

5 锅底留油，放入姜片、蒜末、葱段爆香，倒入口蘑和青椒略炒。

6 放入火腿肠拌炒，加入料酒、生抽、盐、鸡粉，炒匀调味。

7 倒入水淀粉，将锅中材料快速翻炒均匀，盛出装入盘中即可。

扫一扫看视频

TIPS

火腿肠本身含有一定的盐分，炒制此菜时可以少放盐，以免成菜过咸。

火腿炒鸡蛋 时间：4分钟

[原料]

鸡蛋 ·································· 3个
火腿肠 ·························· 75克
黄油 ·································· 8克
西蓝花 ·························· 20克

[调料]

盐 ·································· 1克

[做法]

1 火腿肠去包装，切成丁；洗净的西蓝花切成小块。

2 取一碗，打入鸡蛋，加入盐，将鸡蛋打散成蛋液。

3 锅置火上，放入黄油，烧至溶化，倒入蛋液，炒匀，放入切好的西蓝花，炒约2分钟至熟。

4 倒入火腿丁，翻炒1分钟至香气飘出，关火后盛出炒好的菜肴，装盘即可。

 扫一扫看视频

TIPS

火腿丁可稍稍煎制一会儿再翻炒，味道更佳。

刀豆炒腊肠

⏱ 时间：4分钟

[原料]

刀豆	130克
腊肠	90克
彩椒	20克
蒜末	少许

[调料]

盐	少许
鸡粉	2克
料酒	4毫升
水淀粉	适量
食用油	适量

[做法]

1　洗净的彩椒切开，改切菱形片；洗好的刀豆斜刀切块；洗净的腊肠斜刀切片。

2　用油起锅，放入蒜末爆香，倒入腊肠，炒匀，淋入料酒，炒出香味。

3　倒入刀豆、彩椒，炒匀，注入少许清水，翻炒一会儿，至刀豆变软。

4　转小火，加入盐、鸡粉，用水淀粉勾芡，至食材入味，关火后盛出菜肴，装在盘中即成。

扫一扫看视频

 TIPS

腊肠可事先蒸一下，这样切的时候会更省力。

花生芸豆炒腊肉

时间：7分钟

[原料]

腊肉·····················500克
水发芸豆·················100克
花生·····················100克
干辣椒·····················5克
花椒·······················5克
葱段······················10克

[调料]

料酒·····················4毫升
生抽·····················5毫升
白糖、鸡粉················2克
食用油····················适量

[做法]

1 洗净的腊肉切片待用。

2 热锅注油，烧至五成热，倒入花生、芸豆，搅匀，稍炸片刻后捞出，沥干油分。

3 水烧开，倒入腊肉片氽煮，去除多余盐分，捞出，沥干水分。

4 热锅注油烧热，倒入腊肉翻炒，放入花椒、干辣椒，爆香。

5 淋入料酒、生抽，加入白糖、鸡粉，翻炒均匀。

6 加入芸豆、花生、葱段，快速翻炒出香味，盛入盘中即可。

TIPS

食材均不宜炒制过久，以免影响口感。

猪肚

「别名」猪胃

保健功效

猪肚含有蛋白质和消化食物的各种消化酶，胆固醇含量较少，故具有补中益气、消食化积的功效。猪肚能补虚损、健脾胃，对脾虚腹泻、虚劳瘦弱、消渴、尿频或遗尿等症有食疗作用。

营养分析含量表

（每100克含量）

110kcal	热量
15.2g	蛋白质
5.1g	脂肪
0g	膳食纤维
3μg	维生素A
0.32mg	维生素E
165mg	胆固醇
171mg	钾

选购保存

选购时，应挑新鲜、黄白色、劲挺、黏液多、肚内无块和硬粒、弹性足的猪肚。猪肚直接内外抹盐，放冰箱冷藏区，可以保存1个星期。

清洗方法

将猪肚放在盆里，加入适量的白醋、生粉，搓洗猪肚，将猪肚内翻外，在白醋和生粉中清洗后，冲洗干净，沥干水分即可。

刀工处理：切片

1. 取一整个洗净的猪肚，从中间切开成两半。
2. 取其中的一半，切开。
3. 将猪肚不平整的部分切除。
4. 取其中一块猪肚，切分成几大块。
5. 再取猪肚块，从一端开始切片。
6. 将猪肚块都切成同样大小的片即可。

特别提示 猪肚适于爆、烧、拌和做什锦火锅的原料，也可将猪肚煮烂后再用其他烹饪方法制作。胡椒和猪肚炖汤，可驱寒暖胃。

尖椒炒猪肚

时间：6分钟

[原料]

熟猪肚·····················250克
青椒·······················150克
红椒························40克
姜片、蒜蓉···················2克
葱段·······················少许

[调料]

料酒·······················5毫升
水淀粉·····················适量
盐·························3克
蚝油、芝麻油················少许
食用油、辣椒酱···············适量

[做法]

1 熟猪肚切成薄片，装入盘中；洗净的红椒、青椒均去籽，切成菱形片。

2 油锅置于火上，烧至五成热，放入葱段、姜片、蒜蓉爆香。

3 倒入猪肚、辣椒酱，炒匀入味，倒入料酒提鲜。

4 倒入青椒片、红椒片，加入盐、蚝油，炒至食材熟透入味。

5 倒入水淀粉勾芡，淋入芝麻油，炒匀，盛入盘中即成。

TIPS

由于猪肚韧性强，所以切时不宜切成太大块，以免食用时久嚼不烂。

猪肠

[别名] 肥肠、猪大肠

保健功效

猪肠性平味甘，常用来"固大肠"，有润肠、祛风、解毒、止血的功效，对肠风便血、血痢、痔疮、脱肛等症有一定的食疗作用。

营养分析含量表
（每100克含量）

196kcal	热量
6.9g	蛋白质
18.7g	脂肪
7μg	维生素A
1.9mg	烟酸
137mg	胆固醇
44mg	钾
10mg	钙

选购保存

选购猪肠以新鲜、呈乳白色、稍软、有韧性、有黏液的为佳。将猪肠处理干净后，用保鲜膜包好，放入冰箱冷藏，食用前取出，自然解冻即可。

清洗方法

猪大肠放入盆中，放入葱结，将葱和大肠一起揉搓，反复冲洗，洗净后倒入一些淀粉反复揉搓，用清水洗净即可。

刀工处理：切段

1.取一段洗净的猪肠，从一端开始斜切小段。
2.边移动边斜切，将猪肠斜切成同样长度的小段即可。

特别提示

根据猪肠的功能可分为大肠、小肠和肠头，它们的脂肪含量是不同的，小肠最瘦，肠头最肥。烹饪猪肠一定要洗干净，去掉膻味，而且不能过火，煸炒时要把水分煸干才香。

干锅肥肠 ⏱ 时间：20分钟

[原料]

熟肥肠⋯⋯⋯⋯⋯⋯⋯200克
四季豆⋯⋯⋯⋯⋯⋯⋯100克
干辣椒⋯⋯⋯⋯⋯⋯⋯30克
葱段⋯⋯⋯⋯⋯⋯⋯⋯20克
蒜、姜、花椒⋯⋯⋯⋯10克

[调料]

醋⋯⋯⋯⋯⋯⋯⋯⋯⋯8毫升
生抽⋯⋯⋯⋯⋯⋯⋯⋯8毫升
白糖⋯⋯⋯⋯⋯⋯⋯⋯5克
红油酱⋯⋯⋯⋯⋯⋯⋯3大勺
食用油⋯⋯⋯⋯⋯⋯⋯适量
盐⋯⋯⋯⋯⋯⋯⋯⋯⋯3克

[做法]

1 四季豆洗净，切段；熟肥肠洗净；蒜、姜切成末。
2 熟肥肠放入沸水中煮软后捞起，切片备用。
3 四季豆和熟肥肠入油锅，略炸后捞出。
4 锅底留油，放入干辣椒、花椒、葱段、姜末、蒜末爆香。
5 倒入四季豆、熟肥肠，再加入醋、生抽、白糖、红油酱、盐，拌炒均匀至收汁即可。

TIPS

鲜肥肠烹煮前先放入放有葱段、姜片和料酒的冷水锅中煮熟，成品的口感更佳。

猪肝

[别名] 血肝

保健功效

猪肝中铁质丰富，是补血食品中经常用的食物，食用猪肝可调节和改善贫血。猪肝含有丰富的维生素A，具有维持正常生长和生殖机能的功效。猪肝中还含有一般肉类食品不含的维生素C和微量元素硒，能增强人体的免疫反应，抗氧化，防衰老，并能抑制肿瘤细胞的产生，也可以辅助治疗急性传染性肝炎。

营养分析含量表
（每100克含量）

129kcal	热量
19.3g	蛋白质
3.5g	脂肪
5g	碳水化合物
4.972mg	维生素A
1.5µg	胡罗卜素
C 20mg	维生素C
0.86mg	维生素E

选购保存

选购猪肝以颜色呈褐色或紫色，用手按压坚实有弹性、有光泽、无腥臭异味者为佳。把猪肝用毛巾包裹，放入保鲜袋中扎紧，放冰箱冷冻区，可保存15～30天。

清洗方法

将猪肝放在水龙头下冲洗，然后放入装有清水的碗中，静置1～2小时，去除猪肝的残血，捞出沥干水分即可。

刀工处理：切片

1.取一个洗净的猪肝，从中间切开，一分为二。

2.取其中一块，从中间用平刀切开。

3.先将猪肝切成几块。

4.改刀将肝块切成片。

5.将切好的猪肝装入盘中，备用即可。

特别提示

要将猪肝的筋膜除去，否则不易嚼烂、消化。烹饪时不宜炒得太嫩，否则有毒物质就会残留在其中，可能诱发癌症。

胡萝卜炒猪肝

 时间：8分钟

[原料]

猪肝·····················250克
胡萝卜···················150克
葱花·····················少许
姜末·····················少许

[调料]

盐·······················2克
味精·····················1克
料酒·····················适量
食用油···················适量
水淀粉···················适量

[做法]

1 胡萝卜、猪肝均洗净，切片；猪肝片加少许盐和味精、水淀粉拌匀。

2 锅加水烧至八成开，放猪肝片煮至七成熟捞出。

3 热油锅，爆香葱花、姜末，加入胡萝卜、猪肝、料酒、盐、味精炒熟至食材入味即成。

TIPS

烹制猪肝前，先冲洗干净再剥去薄皮，然后放入盘中，
加适量牛乳浸泡几分钟，可去除异味。

猪腰

[别名] 猪肾、猪腰花

保健功效

猪腰含有蛋白质、脂肪、碳水化合物、钙、磷、铁和维生素等营养物质，有补肾壮腰、益精固涩、利水消肿的功效，对肾虚腰痛、遗精盗汗、产后虚羸、身面浮肿等症有食疗作用。孕妇应该适当吃些猪腰花以滋补肾脏。

营养分析含量表
（每100克含量）

96kcal	热量
15.4g	蛋白质
3.2g	脂肪
1.4g	碳水化合物
41µg	维生素A
1.2µg	胡罗卜素
8mg	烟酸
13mg	维生素C

选购保存

新鲜的猪腰呈浅红色，表面有一层薄膜，有光泽，柔润且有弹性。猪腰买回来后不要洗，用塑料袋密封放在冰箱冷冻层保存。

清洗方法

将猪腰剖开，剔去里面的筋和脂肪，切成片状或花状，用清水冲洗几遍后放入碗中，加适量料酒拌和，揉搓，冲洗干净即可。

刀工处理：切片

1. 取一个洗净的猪腰，平刀切开成两半。
2. 将猪腰臊筋片去。
3. 将猪腰斜刀切成薄片即可。

 特别提示　烹饪猪腰时，一定要将肾上腺割除干净。猪腰切片后，为去臊味，用葱姜汁泡约2小时，换2次清水，泡至腰片发白膨胀即成。

人参炒腰花 时间：20分钟

[原料]

猪腰·······300克
人参·······40克
姜片·······少许
葱段·······少许

[调料]

盐·······2克
鸡粉·······2克
料酒·······4毫升
生粉·······5克
生抽·······4毫升
水淀粉·······10毫升
食用油·······适量

[做法]

1. 洗好的人参切段；洗净的猪腰切开，去除筋膜，切上花刀，再切片。

2. 猪腰装入碗中，加入鸡粉、盐、料酒，拌匀，撒上少许生粉，拌匀，腌渍约10分钟至其入味，备用。

3. 锅中注水烧开，倒入猪腰煮约半分钟，捞出沥干水分。

4. 用油起锅，下姜片、葱段爆香，倒入人参，炒匀，放入汆过水的猪腰，加料酒、生抽、鸡粉、盐，炒匀调味。

5. 用水淀粉勾芡，关火后盛出炒好的菜肴即可。

扫一扫看视频

TIPS

本品适合体质虚弱者食用，若其他人群食用，应减少人参的用量。

猪血

[别名] 猪红、血豆腐、血花

保健功效

猪血富含铁，对贫血而面色苍白者有改善作用，是排毒养颜的理想食物。猪血中含有的钴是防止人体内恶性肿瘤生长的重要微量元素，这在其他食品中是难以获得的。猪血能较好地清除人体内的粉尘和有害金属微粒，通过排泄将这些有害物带出体外，堪称人体污物的"清道夫"。

营养分析含量表

（每100克含量）

55kcal	热量
12.2g	蛋白质
51mg	胆固醇
56mg	钾
4mg	钙
5mg	镁
8.7mg	铁
7.94μg	硒

选购保存

猪血一般呈暗红色，较硬、易碎，切开猪血块后，切面粗糙，有不规则小孔，有淡淡腥味。猪血用保鲜盒装好，置于冰箱冷藏区，一般可保存2天。

清洗方法

将猪血放在清水里泡一下，用手翻洗，再用流水轻轻地冲洗，然后用漏勺将猪血捞出，沥干水分即可。

刀工处理：切块

1.取一块洗净的猪血，从一边开始切均匀的大块。
2.将猪血块摆放整齐。
3.切成同样大小的块状即可。

特别提示

买回猪血后要注意不要让凝块破碎，除去少数黏附着的猪毛及杂质，然后放开水一余，切块炒、烧或作为做汤的主料和副料；烹调猪血时最好要用辣椒、葱、姜等佐料，用以压味，另外也不宜只用猪血单独烹饪。

韭菜炒猪血 ⏱ 时间：3分钟

[原料]

韭菜·······················150克
猪血·······················200克
彩椒························70克
姜片·······················少许
蒜末·······················少许

[调料]

盐·························4克
鸡粉·······················2克
沙茶酱·····················15克
水淀粉·····················8毫升
食用油·····················适量

[做法]

1 洗净的韭菜切段；洗好的彩椒切粒；洗净的猪血切小块。
2 锅中注水烧开，放少许盐，倒入猪血煮1分钟，至其五成熟，捞出，沥干水分。
3 用油起锅，放入姜片、蒜末，加入彩椒，炒香。
4 放入韭菜段，略炒片刻，加入适量沙茶酱，炒匀。
5 倒入氽过水的猪血，加入适量清水，翻炒匀。
6 放入少许盐、鸡粉调味，淋入水淀粉，快速翻炒均匀，装盘。

扫一扫看视频

TIPS

韭菜含有的硫化物遇热易挥发，因此烹调韭菜时宜旺火快炒。

牛肉

[别名] 黄牛肉、水牛肉

保健功效

牛肉含有丰富的蛋白质，氨基酸组成等比猪肉更接近人体需要，能提高机体抗病能力，对生长发育及手术后、病后调养的人在补充失血和修复组织等方面特别适宜。牛肉具有高蛋白、低脂肪的特点，有利于防止肥胖，预防动脉硬化、高血压和冠心病。

营养分析含量表
（每100克含量）

125kcal	热量
19.9g	蛋白质
4.2g	脂肪
2g	碳水化合物
7μg	维生素A
1.1μg	胡萝卜素
5.6mg	烟酸
3.3mg	铁

选购保存

新鲜牛肉有光泽，红色均匀，脂肪洁白或淡黄色，外表微干或有风干膜，不粘手，弹性好。牛肉存入冰箱冷冻室可保存2周，但为保证口感，应即买即食。

清洗方法

将牛肉放在盆里，加入清水，把淘米水倒入水中，浸泡15分钟左右，然后用手抓洗，再用清水洗干净，沥干水分即可。

刀工处理：切片

1.取一块洗净的牛肉，将牛肉切大块。
2.将整块牛肉切成均匀的几大块。
3.将大块牛肉切成大小一致、厚薄均匀的薄片即可。

特别提示

炒牛肉忌加碱，当加入碱时，氨基酸就会与碱发生反应，使蛋白质因沉淀变性而失去营养价值。牛肉不易熟烂，烹饪时放少许山楂、橘皮或茶叶有利于熟烂。

牛肉各部位

❶ 牛舌

牛的舌部，也称牛脷，属高档部位，肉质嫩滑爽口，营养丰富，是烧烤、煲汤和火锅的首选原料。

❷ 肋骨肉

牛脊背的前半段，筋少，肉质纤细，口感柔嫩，适合用来制作寿喜烧、牛肉卷、牛排等。

❸ 臀肉

牛屁股上的红肉，脂肪少，纹路细致，肉质柔软，适合各式各样的烹煮法，做牛排味道佳，烧烤更是绝品。

肋骨肉

臀肉

菲力

沙朗

牛舌

后胸肉

腱子肉

❹ 沙朗

牛的后腰肉，也称西冷，外延有一圈白色的肉筋，口感有韧性和嚼劲，可用来做牛排，也可切薄做涮牛肉。

❺ 后胸肉

牛内侧腹横肌排，肉质厚、稍硬，含油脂多，前半段为牛五花肉，后半段为牛腩，常用作煎炒、烧烤或炖肉。

❻ 菲力

牛的腰内肉，也称牛里脊，特点是脂肪少、肉质嫩，是牛肉最高级的部位之一，适合炒、炸、涮、烤。

❼ 腱子肉

油脂少，肉质稍硬，牛筋很多，适合炖煮，能呈现出柔细的口感。

牛肉各部位营养分析含量表（每100克含量）

	牛舌	肋骨肉	菲力	沙朗	臀肉	后胸肉	腱子肉
热量	196kcal	114kcal	186kcal	76.8kcal	108kcal	283kcal	204kcal
脂肪	13.3g	2.6g	7.61g	2.94g	2.8g	9.24g	5.5g
蛋白质	17g	22.2g	29.39g	9.35g	20.4g	32.21g	35.6g
胆固醇	92mg	45mg	82mg	36.56mg	62mg	92mg	-

蚝油草菇炒牛柳 🕐 16分钟

[原料]

牛肉·······················250克
水发黑木耳·················85克
草菇··························75克
彩椒··························35克
姜片·························少许
蒜片·························少许
葱段·························少许

[调料]

盐····························3克
鸡粉··························2克
生抽·························5毫升
老抽·························2毫升
食粉·························少许
料酒·························少许
水淀粉························适量
食用油························适量

[做法]

1 洗好的草菇切薄片；洗净的彩椒切小块；洗净的牛肉切片。

2 牛肉装入碗中，加入盐、生抽、食粉，淋入少许料酒、水淀粉、食用油，拌匀，腌渍约10分钟，至其入味。

3 锅中注水烧开，放入草菇，淋入料酒，加入盐，拌匀，煮约2分钟，去除酸涩味。

4 倒入彩椒，拌匀，放入洗净的黑木耳，略煮一会儿，捞出焯煮好的食材，沥干水分，待用。

5 用油起锅，下姜片、蒜片、葱段爆香，倒入牛肉，炒至变色，淋入少许料酒，炒匀提味，倒入焯过水的食材，炒匀。

6 加入盐，淋入生抽、老抽，放入鸡粉，倒入水淀粉，用中火炒匀调味，盛出即可。

扫一扫看视频

 TIPS

牛肉的纤维组织较粗，应横切，将长纤维切断，不能顺着纤维组织切，否则不仅无法入味，还不易嚼烂。

彩椒芦笋炒牛肉 ⏱ 时间：20分钟

[原料]

牛肉·····················200克
芦笋······················80克
彩椒······················85克
姜片、蒜末、葱段··········少许

[调料]

生抽····················7毫升
盐························3克
鸡粉······················3克
食粉······················2克
生粉······················4克
料酒····················10毫升
蚝油·····················10克
食用油、水淀粉············适量

[做法]

1 洗净的芦笋切段；洗好的彩椒切小块。

2 处理好的牛肉切粒，装碗，放入生抽、盐、鸡粉、食粉、生粉、食用油，拌匀，腌渍10分钟。

3 水烧开，加入食用油、盐，倒入彩椒、芦笋，搅散，煮至断生，捞出沥水；倒入牛肉粒，氽至变色，捞出，沥干水分。

4 用油起锅，倒入姜片、蒜末、葱段，爆香。

5 倒入牛肉粒略炒，加料酒炒香，下彩椒和芦笋，翻炒匀。

6 放入蚝油、盐、鸡粉、生抽、水淀粉，快速炒匀后出锅。

扫一扫看视频

 TIPS

腌渍牛肉粒时，可放入少许蛋清拌匀，这样牛肉粒会更有韧性。

蚝油牛肉 ⏱ 时间：20分钟

[原料]

牛肉·····················250克
青椒······················1个
姜·······················适量

[调料]

食用油·················10毫升
生抽···················10毫升
淀粉····················5克
红酒···················5毫升
盐······················1克
白糖····················5克
蚝油···················20克

[做法]

1 青椒去籽，切成圈；姜切片；牛肉清洗干净，逆着牛肉的纹路切成片。

2 在牛肉片中加白糖、盐、红酒、生抽、淀粉和食用油拌匀，腌渍一下。

3 锅里放入食用油，下姜片和青椒圈，小火煸炒一下即盛出。

4 余油烧热，下腌好的牛肉片，快速滑炒。

5 牛肉炒至变色立即加蚝油翻炒，放入青椒圈和姜片，大火翻炒均匀，装盘即可。

TIPS

牛肉切片后可以用刀背拍打几下，这样炒出的牛肉韧性十足，口感极佳。

蒜香秋葵炒牛肉

时间：70分钟

[原料]

牛里脊·························200克
红椒·····························半个
秋葵·························200克
蒜·······························50克
鸡蛋清··························1个

[调料]

盐·······························3克
生抽···························4毫升
蚝油·····························3克
白糖·····························3克
淀粉···························少许
食用油·························适量

[做法]

1 秋葵洗净，煮3分钟，去柄切成小块。

2 红椒洗净切小块；蒜剥好；牛里脊切成蒜粒大小的块状。

3 牛里脊块加蚝油、生抽、鸡蛋清和淀粉抓匀，腌渍1小时。

4 油锅烧热，加入蒜炒至呈金黄色后盛出；下入牛里脊滑油至其变色后立即盛出。

5 锅留底油，加入白糖，小火炒出红棕色的糖泡，下牛肉粒煸炒至牛肉上色，再下秋葵、红椒、蒜，调入盐，炒匀即可。

TIPS

蒜可以稍微砸裂，再入锅中煸炒，成菜味道会更好。

牛肚

[别名] 百叶、牛胃、毛肚

保健功效

牛肚含有丰富的蛋白质，能够提高免疫力。牛肚富含胆碱，可提高记忆力。经常食用牛肚，有助于肝脏解毒，清理身体内长期瘀积的毒素，促进身体健康，增强免疫细胞的活性，消除体内的有害物质。

营养分析含量表
（每100克含量）

72kcal	热量
14.5g	蛋白质
1.6g	脂肪
2μg	维生素A
2.5mg	烟酸
40mg	钙
17mg	镁
1.8mg	铁

选购保存

上等的牛肚色白略带浅黄，呈自然的淡黄色。把牛肚放入保鲜盒，加入适量清水，然后用保鲜纸包好（不密封），放入冰箱冷冻层保存即可。

清洗方法

将牛肚放在盆里，加入清水和适量的食盐、白醋，搅匀，浸泡15分钟左右，用双手反复揉搓牛肚，洗净即可。

刀工处理：切条

1.取一块洗净的牛肚，将不规则的地方切掉。
2.将牛肚切成粗条。
3.将整块牛肚切成同样大小的条即可。

特别提示

如果要使牛肚吃起来较为脆嫩，可以先用小苏打泡一下，不过注意烹饪前要用水冲洗干净，炒制时要旺火速成。

西芹湖南椒炒牛肚

⏱ 时间：5分钟

[原料]

熟牛肚·······················200克
湖南椒·······················80克
西芹·························110克
朝天椒························30克
姜片、蒜末、葱段··········少许

[调料]

盐···························2克
鸡粉·························2克
料酒·························5毫升
生抽·························5毫升
芝麻油·······················5毫升
食用油·······················适量

[做法]

1 洗净的湖南椒切小块；洗好的西芹切小段。

2 洗净的朝天椒切圈；熟牛肚切粗条。

3 用油起锅，倒入朝天椒、姜片，爆香，放入牛肚，炒匀。

4 倒入蒜末、湖南椒、西芹段，炒匀。

5 加入料酒、生抽，注入适量清水，加入盐、鸡粉，炒匀。

6 加入芝麻油，炒匀，放入葱段，翻炒约2分钟至入味。

7 关火后盛出炒好的菜肴，装入盘中即可。

扫一扫看视频

TIPS

牛肚是熟的，不必炒很久，否则口感会变差。

羊肉

「别名」羘肉、羯肉

保健功效

羊肉较牛肉的肉质要细嫩，容易消化，高蛋白，低脂肪，含磷脂多，较猪肉和牛肉的脂肪含量都要少，胆固醇含量少，是冬季防寒温补的美味之一。羊肉对肺结核、气管炎、哮喘、贫血、产后气血两虚、腹部冷痛、体虚畏寒、营养不良、腰膝酸软、阳痿早泄以及虚寒病症均有很大裨益。

营养分析含量表

（每100克含量）

203kcal	热量
19g	蛋白质
14.1g	脂肪
22μg	维生素A
4.5mg	烟酸
6mg	钙
2.3mg	铁
32.2μg	硒

选购保存

新鲜羊肉肉色鲜红而均匀，有光泽，肉质细而紧密，有弹性，外表略干，不粘手。羊肉可用保鲜膜包裹，再用一层报纸和一层毛巾包好，放入冰箱冷冻室保存。

清洗方法

新买回来的羊肉带有脏物，应先用冷水冲洗油腻的杂质，再放入淘米水中泡一泡，转眼脏物就洗掉了。

刀工处理：切片

1.取一块洗净的羊肉，从中间切开，一分为二。
2.取其中的一块，用平刀片羊肉。
3.将余下的羊肉依次片成均匀的片。
4.装入盘中即可。

特别提示 羊肉有很大的膻味，将羊肉切块放入水中，加点米醋，待煮沸后捞出羊肉，再继续烹调，可去除羊肉膻味。

羊肉各部位

❶ 羊颈

肉质夹有细筋，可用于红烧、煮、酱、炖及制馅等。

❷ 羊脊背

包括里外脊肉。外脊肉位于背脊外面，肉形长条，用于涮、烤、炒、煎等；里脊肉形如竹笋，纤维长细，用途与外脊肉相同。

❸ 羊排

连着肋骨的肉，外覆一层层薄膜，肥瘦结合，质地松软，适合用来扒、烧、焖和制馅等。

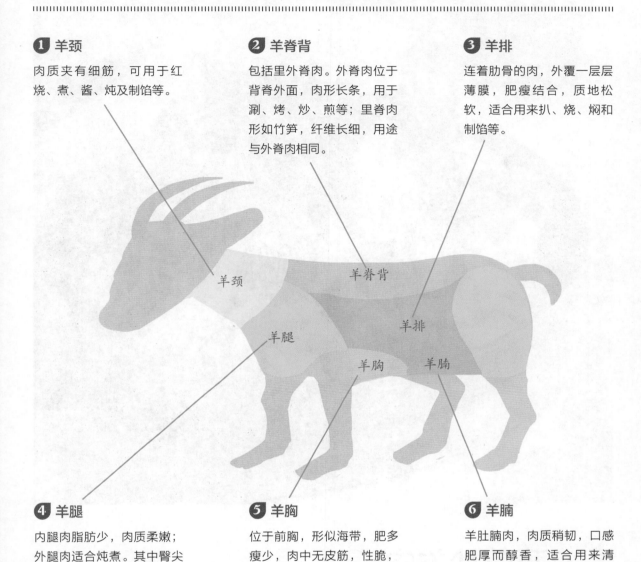

❹ 羊腿

内腿肉脂肪少，肉质柔嫩；外腿肉适合炖煮。其中臀尖肉又称大三叉，肥瘦参半，可代替里脊肉用于爆炒、烧烤，红酒腌制后味道鲜美。

❺ 羊胸

位于前胸，形似海带，肥多瘦少，肉中无皮筋，性脆，适合用来烤、爆、炒、烧、焖等。

❻ 羊腩

羊肚腩肉，肉质稍韧，口感肥厚而醇香，适合用来清炖、红焖。

羊肉各部位的营养分析含量表（每100克含量）

	羊颈	羊胸	羊排	羊脊背	羊腩	羊腿
热量	135kcal	133kcal	203kcal	103kcal	203kcal	103kcal
脂肪	4.6g	6.2g	10.16g	4.4g	14.1g	4.03g
蛋白质	21.3g	19.4g	24.42g	21.17g	19g	14.68g
胆固醇	85mg	89mg	94mg	80mg	92mg	-

清凉薄荷炒羊肉 时间：6分钟

[原料]

羊肉·····················500克
洋葱·····················90克
薄荷叶····················56克
松仁·····················20克

[调料]

盐······················3克
料酒·····················3毫升
水淀粉····················适量
食用油····················适量

[做法]

1　洋葱切丝；羊肉切片，氽水20秒，沥干。

2　部分薄荷叶入油锅，炸至酥脆后捞出；松仁炸至金黄后捞出。

3　炒锅注油烧热，爆香洋葱丝，倒入羊肉略炒。

4　淋入料酒，撒入盐，放入余下的薄荷叶，炒匀，加入适量水淀粉勾芡，盛出。

5　铁板烧热，注油，放入洋葱丝、羊肉片，再倒入炸好的薄荷叶和松仁拌匀即可。

TIPS

羊肉氽的时间不宜太长，以保持肉质鲜嫩的口感。

羊肉片炒小米 ⏱ 时间：13分钟

[原料]

小米·····························100克
羊肉片·························250克
鸡蛋·······························1个
豌豆苗·························适量

[调料]

盐··································适量
食用油·························适量

[做法]

1 豌豆苗掐去老根，洗净备用；鸡蛋分开蛋黄和蛋白。

2 开水入锅，羊肉片焯至变色后捞出沥干，再滑油片刻，捞出。

3 小米洗净后焯水，煮1~2分钟后捞出，上蒸锅蒸5~6分钟。

4 在蒸制的小米中打入鸡蛋黄，拌匀，放入烧热的油锅中，炒到小米在锅中跳起即可盛出。

5 锅中注油烧热，将蛋清炒成小块，然后倒入小米、羊肉片，调入盐，炒匀。

6 倒入豌豆苗，炒匀后即可出锅。

TIPS

炒制小米的时候，注意不要下太多油，火候宜用中小火，
以确保成品的口感与色泽。

大葱爆羊肉

🕐 时间：6分钟

[原料]

羊肉⋯⋯⋯⋯⋯⋯⋯600克
大葱⋯⋯⋯⋯⋯⋯⋯50克
红椒⋯⋯⋯⋯⋯⋯⋯15克

[调料]

鸡粉⋯⋯⋯⋯⋯⋯⋯2克
盐⋯⋯⋯⋯⋯⋯⋯⋯2克
料酒⋯⋯⋯⋯⋯⋯⋯5毫升
食用油⋯⋯⋯⋯⋯⋯适量

[做法]

1 处理好的大葱切成段；洗净的红椒切开，去籽，切成块。
2 处理好的羊肉切成薄片。
3 热锅注油烧热，倒入羊肉，炒至转色。
4 倒入大葱、红椒，快速翻炒匀。
5 淋入料酒，翻炒提鲜，加入鸡粉、盐，翻炒调味。
6 关火后将炒好的羊肉盛出装入盘中即可。

扫一扫看视频

 TIPS

羊肉中有很多膜，切片之前应将其剔除，否则炒熟后肉膜变硬，难以下咽。

葱爆羊肉卷 时间：12分钟

[原料]

羊肉卷·····················200克
大葱·······················70克
香菜·······················30克

[调料]

盐···························4克
蚝油························4克
鸡粉························2克
料酒·······················6毫升
生抽·······················8毫升
水淀粉·····················3毫升
食用油、胡椒粉···········适量

[做法]

1 洗净的羊肉卷切条；大葱切滚刀小块。

2 取一个碗，倒入羊肉，加料酒、生抽、胡椒粉、盐、水淀粉拌匀，腌渍10分钟。

3 锅中烧开水，氽煮羊肉去除杂质，捞出沥干，装盘待用。

4 用油起锅，倒入大葱、羊肉，翻炒出香味。

5 放入蚝油、生抽，再加入盐、鸡粉，快速翻炒至入味。

6 再倒入香菜，翻炒片刻至熟即可。

TIPS

氽煮羊肉时可以淋点儿料酒，能够保持羊肉鲜嫩的口感。

羊肚

「别名」羊胃

保健功效

羊肚是羊内脏中的佳品，具有健脾补虚、益气健胃、固表止汗之功效，可用于虚劳赢瘦、不能饮食、消渴、盗汗、尿频等症的食疗。

营养分析含量表
（每100克含量）

87kcal	热量
12.2g	蛋白质
3.4g	脂肪
1.8g	碳水化合物
23µg	维生素A
1.8mg	烟酸
124mg	胆固醇
101mg	钾

选购保存

宜选购有弹性、组织结实的羊肚，挑选时一定要闻其味道，有异味的不要购买。将羊肚切分成几块，每块用保鲜膜包裹好，放进冰箱的冷藏层可保存2周。

清洗方法

羊肚先剖开，将表面的油等杂物清理完后，浇上一汤匙植物油，然后正反面反复搓揉，再用清水漂洗几次，不但再无腥臭等异味，且已洁白发滑。

刀工处理：切丝

1. 取洗净的羊肚，将羊肚从中间切开，一分为二。
2. 取其中一半，将边缘切平整。
3. 切下一大块羊肚。
4. 将羊肚边缘切平整。
5. 用直刀切丝。
6. 将余下的羊肚切成均匀的丝。
7. 装入盘中即可。

特别提示 羊肚烹制前在放有花椒的开水中氽一下，可以去掉羊肚表面的黏液，口感更好。煨汤时，羊肚不能久煮，不然口感会变硬。

尖椒炒羊肚

 时间：22分钟

[原料]

羊肚·······················500克
青椒·······················20克
红椒·······················10克
胡萝卜·····················50克
姜片、葱段················少许
八角、桂皮················少许

[调料]

盐··························2克
鸡粉·······················3克
胡椒粉·····················适量
水淀粉·····················适量
料酒·······················适量
食用油·····················适量

[做法]

1 洗净去皮的胡萝卜切丝；洗好的红椒、青椒切开，去籽切丝。

2 水烧开，倒入洗好的羊肚，淋入料酒，略煮一会儿，捞出。

3 另起锅，注入适量清水，放入羊肚，加入葱段、八角、桂皮，淋入料酒，略煮一会儿，去除异味，捞出装盘，放凉后切丝。

4 用油起锅，放入姜片、葱段，爆香。

5 倒入胡萝卜、青椒、红椒，炒匀，放入羊肚丝，炒匀。

6 加入料酒、盐、鸡粉、胡椒粉、水淀粉，炒匀调味，关火后盛出炒好的菜肴，装入盘中。

TIPS

翻炒食材时锅如果有点干，可适当放些水，以免炒糊。

扫一扫看视频

美味小炒 STIR-FRY

鹌鹑蛋　　鸡蛋　　鸭胗　　鸭肠　　鸭肉　　鸡心　　鸡肉

PART 5

禽蛋篇：
爽滑禽蛋制作健康美馔

爽口嫩滑的禽蛋菜肴，
总能给人带来愉悦的味觉享受。
一起来学习禽蛋类小炒，
用新鲜的食材，
多变的调料，
烹饪出让你怦然心动的美味佳肴！

鸡肉

「别名」家鸡肉、母鸡肉

保健功效

鸡肉是高蛋白、低脂肪的健康食品，其中氨基酸的组成与人体需要的十分接近，同时它所含有的脂肪酸多为不饱和脂肪酸，极易被人体吸收。鸡肉还具有温中益气、补精添髓、益五脏、补虚损、健脾胃、强筋骨的食疗作用。

营养分析含量表

（每100克含量）

167kcal	热量
19.3g	蛋白质
9.4g	脂肪
1.3g	碳水化合物
48µg	维生素A
106mg	胆固醇
251mg	钾
63.3mg	钠

选购保存

新鲜的鸡肉肉质紧密排列，颜色呈干净的粉红色，有光泽；皮呈米色，有光泽和张力，毛囊突出。鸡肉较容易变质，购买后要马上放进冰箱。

清洗方法

将宰杀好的鸡放在流水下轻轻冲洗，把鸡油和脂肪切除，鸡肉切成小块状，放入热水锅中汆烫，捞起后沥干水分即可。

刀工处理：切丝

1.将鸡脯肉斜刀切成片状。
2.将鸡肉片改刀切成鸡丝。
3.将切好的鸡丝装入盘中备用。

特别提示

鸡屁股是淋巴腺体集中的地方，含有多种病毒、致癌物质，所以不可食用。鸡的肉质内含有谷氨酸钠，可以说是"自带味精"。烹调鲜鸡时只需放油、盐、葱、姜、酱油等，味道就很鲜美。

鸡肉各部位

1 鸡冠

也称肉冠，是指头部背侧的肉质隆起，富含胶原蛋白，营养价值较高，有美颜作用，口感爽滑，特别适合女性食用，多用于卤、煮。

2 鸡胸肉

柔嫩无筋，是脂肪最少的部位，切片、切丝或切丁均可，适合炸、煎、煮、炒。

3 鸡翅

也称鸡翼、鸡翅膀，是整个鸡身最为鲜嫩可口的部位之一。鸡翅肉虽少，但有较多的筋，皮较厚，含丰富的胶质，适合炸、烤、红烧。

鸡冠

鸡翅

鸡胸肉

鸡胗、鸡肝

鸡腿

鸡爪

4 鸡胗、鸡肝

鸡胗是胃部肌肉发达的部位；鸡肝则泛指心脏或肝脏，富含铁质与维生素。鸡胗和鸡肝适合凉拌、爆炒。

5 鸡爪

鸡的脚爪，又名鸡掌、凤爪，含丰富的胶质，烹饪方法也较多样，煮汤、红烧、卤均可。

6 鸡腿

脂肪含量多，肉质富有弹性，适合用来烤、炸、红烧、煮。

鸡肉各部位的营养分析含量表（每100克含量）

	鸡胸肉	鸡翅	鸡腿	鸡爪	鸡胗	鸡肝
热量	263kcal	194kcal	181kcal	254kcal	118kcal	121kcal
脂肪	15.75g	11.8g	13g	16.4g	2.8g	4.8g
蛋白质	14.73g	17.4g	16g	23.9g	19.2g	16.6g
胆固醇	41mg	113mg	162mg	103mg	174mg	356mg

彩椒西蓝花炒鸡片 时间：20分钟

[原料]

鸡胸肉 ·············· 75克
西蓝花 ·············· 65克
红彩椒 ·············· 40克
姜末 ·············· 少许
蒜末 ·············· 少许

[调料]

盐 ·············· 3克
鸡粉 ·············· 2克
料酒 ·············· 4毫升
水淀粉 ·············· 15毫升
食用油 ·············· 适量

[做法]

1 洗净的西蓝花切成小朵；洗好的红彩椒切成小块；洗净的鸡胸肉切片。

2 把鸡肉片装在碗中，用盐、鸡粉、水淀粉、食用油拌匀腌渍。

3 水烧开，倒入西蓝花、红彩椒，煮至食材断生，捞出沥干，装入盘中。

4 起油锅，下入鸡肉片炒至变色，放入姜末、蒜末，淋上料酒，炒匀炒透，再放入焯煮过的西蓝花、红彩椒，翻炒至全部食材熟软。

5 转小火，注入少许清水，再加入剩余的盐、鸡粉，炒匀，倒入水淀粉勾芡，盛菜装盘即可。

TIPS

因为西蓝花不易熟透，所以煮食材时，可以先下入西蓝花煮片刻再放入其他食材。

山药莴笋炒鸡片 ⏱ 时间：15分钟

[原料]

莴笋······························1根
山药····························半根
鸡肉··························250克

[调料]

料酒····························6毫升
生抽····························5毫升
鸡精····························少许
盐······························3克
食用油··························适量

[做法]

1 鸡肉洗净切成片；山药及莴笋均去皮、洗净，切成薄片。

2 鸡肉装碗，加料酒、生抽抓匀，腌10分钟。

3 锅中注油加热，放入鸡肉炒散。

4 加入莴笋，翻炒均匀，约2分钟后加入山药，翻炒片刻，加入少许水。

5 加入盐，翻炒至食材熟透，加入鸡精炒匀，盛菜装盘即可。

TIPS

此菜中料酒的使用量不宜过多，因为淋入过多的料酒会盖住鸡胸肉本身的鲜嫩味道。

鸡丝白菜炒白灵菇 时间：10分钟

[原料]

白菜·····················200克
鸡肉·····················150克
白灵菇···················200克
红彩椒····················30克
葱段······················少许
蒜片······················少许
香菜······················少许

[调料]

鸡粉·······················1克
盐·························1克
芝麻油···················5毫升
生抽·····················5毫升
食用油····················适量
水淀粉····················适量

[做法]

1 洗净的白灵菇切条；洗好的白菜切丝；洗好的红彩椒去籽，切丝；洗净的鸡肉切丝。

2 沸水锅中倒入白菜丝，煮断生，捞出沥干；倒入白灵菇，煮断生，捞出。

3 另起锅注油，倒入鸡肉丝，稍炒片刻，放入蒜片，炒香，倒入白灵菇，淋入生抽，炒熟。

4 放入白菜丝、红彩椒丝，加盐、鸡粉、葱段、水淀粉、芝麻油，炒匀后盛入盘中，放上香菜即可。

扫一扫看视频

 TIPS

鸡肉丝切好后可用少许食用油拌一下，炒的时候比较容易散开。

西蓝花炒鸡脆骨

[原料]

鸡脆骨200克，西蓝花350克，大葱25克，红椒15克

[调料]

盐3克，料酒4毫升，生抽3毫升，老抽3毫升，蚝油5克，鸡粉2克，食用油、水淀粉各适量

[做法]

1. 洗净的西蓝花切小朵；洗好的大葱用斜刀切段；洗净的红椒切小块。
2. 水烧开，加盐、料酒，倒入鸡脆骨煮半分钟捞出，加入食用油，倒入西蓝花煮1分钟捞出。
3. 用油起锅，倒入红椒、大葱爆香，放入鸡脆骨炒匀，淋入生抽、老抽、料酒炒香。
4. 加蚝油、盐、鸡粉调味，用水淀粉勾芡，取一个盘摆上西蓝花，再盛入锅中的材料即可。

⏱ 时间：4分钟　扫一扫看视频

香辣鸡翅

[原料]

鸡翅270克，干辣椒15克，蒜末、葱花各少许

[调料]

盐3克，生抽3毫升，白糖、料酒、辣椒油、辣椒面、食用油各适量

[做法]

1. 洗净的鸡翅装碗，加盐、生抽、白糖、料酒腌渍15分钟，再下油锅炸3分钟，捞出，沥干油。
2. 蒜末、干辣椒入油锅爆香，放入鸡翅，加入料酒、生抽、辣椒面炒香，淋入辣椒油炒匀。
3. 加盐炒匀调味，撒上葱花炒香即可。

⏱ 时间：25分钟　扫一扫看视频

鸡心

保健功效

鸡心能维持体温、保护内脏、增加饱腹感，具有维持钾钠平衡、消除水肿、提高免疫力、降低血压、改善贫血的功效，有利于生长发育。

营养分析含量表
（每100克含量）

172kcal	热量
15.9g	蛋白质
11.8g	脂肪
910μg	维生素A
11.5mg	烟酸
194mg	胆固醇
220mg	钾
4.7mg	铁

选购保存

品质良好的鸡心，色紫红，形呈锥形，质韧，外表附有油脂和筋络。将鸡心处理干净，放进保鲜袋里，密封好后放入冰箱冷冻区中，可保存半个月左右。

清洗方法

清理鸡心的心血管，挤出里面的血块，清理干净，把鸡心放入烧开的开水中汆烫，等鸡心变色后，捞出并沥干水即可。

刀工处理：切片

1.取洗净的鸡心一个，从鸡心中间部位开始切片。

2.一边转动鸡心，一边切片。

3.将整个鸡心切完即可。

特别提示

彩椒与鸡心炒食，可以清热去火、补血活血。鸡心内含污血，需漂洗后才可食用，鸡心宜炒、爆、熘、炸、卤，近年来由于烧烤的流行，烤鸡心也成为了新的食用方法。鸡心常与鸡肝同用。

花甲炒鸡心

⏱ 时间：20分钟

[原料]

花甲	350克
鸡心	180克
姜片	少许
蒜末	少许
葱段	少许

[调料]

盐	2克
鸡粉	3克
料酒	4毫升
生抽	2毫升
水淀粉	适量
食用油	适量

[做法]

1. 处理干净的鸡心切片，装碗，加盐、鸡粉、料酒、水淀粉，搅拌片刻，腌渍10分钟。
2. 锅中注水烧开，倒入鸡心汆去血水，捞出，沥干水分，待用。
3. 炒锅注油烧热，倒入姜片、蒜末、葱段，爆香。
4. 倒入鸡心，快速翻炒匀，淋入料酒，炒匀。
5. 放入处理好的花甲，加入少许生抽，用大火快速炒匀。
6. 加盐、鸡粉炒匀调味，倒入水淀粉，炒至食材入味，盛出。

扫一扫看视频

TIPS

要将鸡心内的血块完全汆煮掉，以免影响菜肴的口感。

鸭肉

「别名」鹜肉、家凫肉

保健功效

鸭肉的脂肪含量适中，且分布较均匀，脂肪酸主要是不饱和脂肪酸和低碳饱和脂肪酸，易于消化。鸭肉具有滋五脏之阴、清虚劳之热、补血行水、养胃生津、止咳息惊等功效。经常食用鸭肉，除能补充人体必需的多种营养成分外，对一些低烧、食少、口干、大便干燥和有水肿的人也有很好的食疗效果。

营养分析含量表

（每100克含量）

240kcal	热量
15.5g	蛋白质
19.7g	脂肪
52μg	维生素A
94mg	胆固醇
191mg	钾
6mg	钙
2.2mg	铁

选购保存

好的鸭肉体表光滑，呈现乳白色，切开后切面呈现玫瑰色。鸭肉处理干净后，按每次食用的量分多个袋子装好，入冰箱冷冻室内冷冻保存，可保存3~4天。

清洗方法

将鸭肉用流水冲洗一下，从鸭的腹部近肛门处，将鸭肉剪开一道长约6厘米的刀口，手伸入刀口内，扯出内脏，冲去血水。

刀工处理：切块

1.将鸭脖斩断。

2.从鸭脯处用刀将鸭肉切成两半。

3.将半边鸭肉从中间一分为二。

4.将鸭肉剁成长条形。

5.将长条剁成块状，盛入盘中备用。

特别提示

如果购买活鸭，宰杀之前喂一些酒，可使毛孔增大，便于去毛。鸭肉是一种美味佳肴，用鸭子可制成烤鸭、板鸭、香酥鸭、鸭骨汤、熘鸭片、熘干鸭条、香菜鸭肝、扒鸭掌等上乘佳肴。

腊鸭

腊鸭以鸭为原料，采用传统手工艺制作，以日晒方式进行脱水，皮色半透明，美味甘香，外焦里嫩，风味独特，微咸，可下饭。

保健功效

腊鸭具有补虚养身、健脾开胃、滋阴补虚、利尿消肿的功效，对虚赢乏力、大便秘结、贫血、肺结核、营养性不良水肿、慢性肾炎等疾病有食疗作用。

营养分析含量表
（每100克含量）

266kcal	热量
18.9g	蛋白质
18.4g	脂肪
6.3g	碳水化合物
14mg	钙
13mg	镁
4.1mg	铁
15.74μg	硒

选购保存

好的腊鸭色泽金黄，肉皮分明，有油光，稍用力捏胸肉两边有质感，能捏陷，会出油。腊鸭可以放入冰箱或者挂在通风处保存，吃时冲洗一下，将表面浮土冲掉便可以了。

鸭舌

鸭舌即鸭的舌头，肉质爽脆嫩滑，富有嚼劲，是老少咸宜的风味小吃。

保健功效

鸭舌所含的磷脂类，对神经系统和身体发育有重要作用，对防止老年人智力衰退有一定的功效。鸭舌的蛋白质含量较高，易消化吸收，有增强体力、强壮身体的功效。鸭舌对营养不良、畏寒怕冷、乏力疲劳、月经不调、贫血、虚弱等也有很好的食疗作用。

营养分析含量表
（每100克含量）

245kcal	热量
16.6g	蛋白质
19.7g	脂肪
0.4g	碳水化合物
35μg	维生素A
118mg	胆固醇
44mg	钾
12.5μg	硒

选购保存

鸭舌最好选购带包装的，因为包装完好的产品可避免流通过程中的二次污染。

滑炒鸭丝 ⏱ 时间：17分钟

[原料]

鸭肉·······························160克
彩椒·······························60克
香菜梗·····························少许
姜末·······························少许
蒜末·······························少许
葱段·······························少许

[调料]

盐·································3克
鸡粉·······························1克
生抽·······························4毫升
料酒·······························4毫升
水淀粉·····························适量
食用油·····························适量

[做法]

1 洗净的彩椒切条；洗好的香菜梗切段；洗净的鸭肉切丝。

2 将鸭肉丝装入碗中，倒入生抽、料酒、盐、鸡粉、水淀粉、食用油拌匀，腌渍10分钟。

3 用油起锅，下入蒜末、姜末、葱段，爆香，放入鸭肉丝，加入适量料酒、生抽，炒香炒匀，下入切好的彩椒，拌炒匀。

4 放入盐、鸡粉，炒匀调味，倒入适量水淀粉勾芡。

5 放入香菜段，炒匀，将炒好的菜盛出，装入盘中即可。

扫一扫看视频

 TIPS

炒制鸭肉时，加入少许陈皮，不仅能去除鸭肉的腥味，还能为菜品增香。

泡椒炒鸭肉

时间：17分钟

[原料]

鸭肉 ························· 200克
灯笼泡椒 ··················· 60克
泡小米椒 ··················· 40克
姜片 ······················· 4克
蒜末 ······················· 3克
葱段 ······················· 少许

[调料]

盐 ························· 3克
鸡粉 ······················· 2克
料酒 ······················· 5毫升
生抽 ······················· 少许
水淀粉、食用油 ············· 适量
豆瓣酱 ····················· 10克

[做法]

1 灯笼泡椒切成小块；泡小米椒切成小段；洗净的鸭肉切小块。

2 鸭肉块用生抽、盐、鸡粉、料酒、水淀粉拌匀，腌渍10分钟。

3 水烧开，倒入鸭肉块煮约1分钟，捞出沥干。

4 用油起锅，放入鸭肉块、蒜末、姜片，淋入剩余的料酒、生抽，倒入泡小米椒、灯笼泡椒、豆瓣酱、鸡粉，炒匀。

5 注入适量清水，盖上盖，用中火焖煮约3分钟，揭盖，用大火收汁，淋上剩余的水淀粉勾芡，盛菜装盘，撒上葱段即成。

TIPS

扫一扫看视频

将切好的灯笼泡椒和泡小米椒浸入清水中泡一会儿再使用，其辛辣的味道会减轻一些。

椒麻鸭下巴 ⏱ 时间：20分钟

[原料]

鸭下巴·······························100克
白芝麻·······························15克
蒜末·································少许
葱花·································少许

[调料]

盐·····································4克
鸡粉···································2克
料酒································8毫升
生抽································8毫升
生粉··································20克
辣椒油······························4毫升
花椒粉································7克
辣椒粉································15克
食用油·······························适量

[做法]

1 锅中注入适量清水烧开，加入少许盐、鸡粉、料酒。
2 倒入洗好的鸭下巴，搅匀，煮至沸。
3 盖上盖，用小火煮10分钟至其入味，揭盖，捞出，沥干水分。
4 把鸭下巴放入碗中，倒入生抽，加入生粉，搅拌匀。
5 热锅注油，烧至五成热，倒入鸭下巴炸至焦黄色，捞出，沥干油分。
6 锅底留油，放入蒜末，炒出香味。
7 加入辣椒粉、花椒粉，倒入鸭下巴，炒匀。
8 放入葱花、白芝麻、辣椒油炒匀，加盐调味，盛出即可。

扫一扫看视频

 TIPS

鸭下巴的腥味较重，需要多加些调料才能将腥味去除。

彩椒黄瓜炒鸭肉

[原料]

鸭肉180克，黄瓜90克，红、黄彩椒各15克，姜片、葱段各少许

[调料]

盐2克，鸡粉2克，生抽5毫升，水淀粉8毫升，料酒、食用油各适量

[做法]

1　洗净的彩椒切块；洗好的黄瓜去瓤，切块；处理干净的鸭肉去皮，切块。

2　鸭肉装碗，加生抽、料酒、水淀粉拌匀，腌渍15分钟。

3　用油起锅，放入姜片、葱段爆香，倒入鸭肉丁炒至变色，淋入料酒炒香，放入彩椒炒匀。

4　倒入黄瓜炒匀，加盐、鸡粉、生抽、水淀粉翻炒片刻，盛出即可。

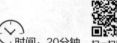 时间：20分钟　扫一扫看视频

韭菜炒腊鸭腿

[原料]

腊鸭腿块270克，韭菜180克

[调料]

盐少许，鸡粉2克，食用油适量

[做法]

1　将洗净的韭菜切去根部，再切长段。

2　锅中注水烧开，倒入腊鸭腿块，拌匀，余煮一会儿，去除多余盐分，捞出，沥干水分。

3　用油起锅，倒入余好的鸭块，炒匀炒香，放入切好的韭菜，炒匀，至其变软。

4　转小火，加入少许盐、鸡粉，炒匀，至食材入味，盛出，摆好盘即可。

 时间：5分钟　扫一扫看视频

鸭肠

保健功效

鸭肠富含蛋白质，是维持免疫机能最重要的营养素，也是构成白血球和抗体的主要成分，所以食用鸭肠能提高免疫力。此外，鸭肠对人体新陈代谢、神经、心脏、消化和视觉的维护都有良好的作用。

营养分析含量表
（每100克含量）

129kcal	热量
14.2g	蛋白质
7.8g	脂肪
16μg	维生素A
187mg	胆固醇
136mg	钾
31mg	钙
2.3mg	铁

选购保存

质量好的鸭肠一般呈乳白色，黏液多，异味较轻，具有韧性，不带粪便及污物。保存时将鸭肠放在保鲜袋里，置入冰箱冷冻区，要用时拿出来解冻即可。

清洗方法

用剪刀把鸭肠剪开，把鸭肠放入盆中，加适量食盐，用手揉搓鸭肠，直到没有滑腻的感觉，用清水冲洗干净。

刀工处理：切段

1.取一条洗净的鸭肠，选择合适的长度切段。
2.把鸭肠依次切成均匀的若干段即可。

特别提示

清洗鸭肠一定要翻洗内侧，这样才能清洗干净；鸭肠质地柔嫩，用旺火热油速炒，可以保持柔嫩的特点；煮鸭肠的时间不宜太长，断生即可，以免过老，影响口感。

彩椒炒鸭肠

[原料]

鸭肠70克，彩椒90克，姜片、蒜末、葱段各少许

[调料]

豆瓣酱5克，盐3克，鸡粉2克，生抽、料酒各5毫升，水淀粉、食用油各适量

[做法]

1. 洗净的彩椒切粗丝；洗好的鸭肠切成段。

2. 鸭肠装碗，加盐、鸡粉、料酒、水淀粉腌渍约10分钟，汆水后捞出。

3. 用油起锅，放入姜片、蒜末、葱段，爆香，倒入鸭肠炒匀，淋入料酒，炒香、炒透。

4. 加入生抽炒匀，倒入彩椒丝炒至断生，注入清水，加鸡粉、盐、豆瓣酱炒至食材入味，倒入少许水淀粉勾芡，盛出即成。

时间：16分钟　扫一扫看视频

空心菜炒鸭肠

[原料]

空心菜300克，鸭肠200克，彩椒片少许

[调料]

盐2克，鸡粉2克，料酒8毫升，水淀粉4毫升，食用油适量

[做法]

1. 洗好的空心菜和处理干净的鸭肠分别切小段。

2. 鸭肠放入沸水锅中煮去杂质，捞出，沥水。

3. 热锅注油，倒入彩椒片、空心菜，注入适量清水，倒入汆过水的鸭肠，加入盐、鸡粉。

4. 淋入料酒、水淀粉，炒至入味即可。

时间：5分钟　扫一扫看视频

鸭胗

[别名] 鸭肫、鸭胃

保健功效

鸭胗中铁元素含量较丰富，食用后有助于预防缺铁性贫血，女性可以适当多食用一些。鸭胗还有健胃之效，上腹饱胀、消化不良者，可以多吃，尤其是胃病患者，食用鸭胗可帮助促进消化，增强脾胃功能。

营养分析含量表

（每100克含量）

92kcal	热量
17.9g	蛋白质
1.3g	脂肪
2.1g	碳水化合物
6μg	维生素A
153mg	胆固醇
284mg	钾
2.77mg	锌

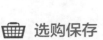

选购保存

新鲜的鸭胗外表呈紫红色或红色，表面富有弹性和光泽，质地厚实。如果想要保鲜几天，可以将鸭胗洗净，加料酒和盐拌匀，用保鲜膜封好，放入冰箱冷藏。

清洗方法

将鸭胗放在水龙头下，冲去血水，用手剥去鸭胗皮，用剪刀将鸭胗剪开，冲洗净内部的污物。

刀工处理：切丁

1.取洗净的鸭胗一个，从中间切开，一分为二。

2.取其中的一半再从中间切开，一分为二。

3.再取切开的一块，切片，再切成条状。

4.把切好的条状鸭胗一起摆放整齐。

5.把摆放整齐的条状鸭胗切成丁状即可。

特别提示 鸭胗即鸭胃，鸭的肌胃，形状扁圆，肉质紧密，紧韧耐嚼，滋味悠长，无油腻感，是老少皆喜爱的佳肴珍品。鸭胗清洗时一定要剥去内壁的黄皮。

韭菜花酸豆角炒鸭胗

时间：15分钟

[原料]

鸭胗⋯⋯⋯⋯⋯⋯⋯⋯⋯ 150克
酸豆角⋯⋯⋯⋯⋯⋯⋯⋯ 110克
韭菜花⋯⋯⋯⋯⋯⋯⋯⋯ 105克
油炸花生米⋯⋯⋯⋯⋯⋯ 70克
干辣椒⋯⋯⋯⋯⋯⋯⋯⋯ 20克

[调料]

料酒⋯⋯⋯⋯⋯⋯⋯⋯ 10毫升
生抽⋯⋯⋯⋯⋯⋯⋯⋯⋯ 5毫升
盐⋯⋯⋯⋯⋯⋯⋯⋯⋯⋯⋯ 2克
鸡粉⋯⋯⋯⋯⋯⋯⋯⋯⋯⋯ 2克
辣椒油⋯⋯⋯⋯⋯⋯⋯⋯ 5毫升
食用油⋯⋯⋯⋯⋯⋯⋯⋯⋯ 适量

[做法]

1 择洗好的韭菜花和洗净的酸豆角分别切小段；油炸花生米用刀面拍碎；处理好的鸭胗切丁。

2 锅中注水烧开，倒入鸭胗、料酒，汆煮片刻，捞出沥水。

3 热锅注油烧热，放入干辣椒爆香，倒入鸭胗、酸豆角，快速翻炒均匀。

4 淋入料酒、生抽，倒入花生碎、韭菜花，翻炒匀。

5 加入盐、鸡粉、辣椒油，炒匀调味，盛出装入盘中即可。

扫一扫看视频

 TIPS

切好的酸豆角可以用温水泡一下，以免影响口感。

鸡蛋

「别名」鸡卵、鸡子

保健功效

鸡蛋富含DHA和卵磷脂、卵黄素，对神经系统和身体发育有利，能健脑益智、改善记忆力。蛋黄中的卵磷脂可提高人体血浆蛋白量，增强机体的代谢功能和免疫功能。鸡蛋还含有较多的维生素B_2，可以分解和氧化人体内的致癌物质；其所含的硒、锌等微量元素也具有防癌作用。

营养分析含量表
（每100克含量）

144kcal	热量
13.3g	蛋白质
8.8g	脂肪
2.8g	碳水化合物
234μg	维生素A
56mg	钙
1.1mg	锌
2mg	铁

选购保存

用手轻轻摇一摇，有响声的可能是变质的坏蛋。把鸡蛋放在冰箱内冷藏区保存，一般可以保鲜半个月。

清洗方法

用流动水清洗掉表面的灰尘和脏物即可，不要过度清洗，以免将蛋的角质层洗掉。

刀工处理

鸡蛋煮熟后剥皮，可囫囵吃，也可对半切开。如果做炒鸡蛋，拿蛋往锅沿上一碰再顺着裂缝一扣就打开了，然后磕到碗里，用筷子顺着一个方向搅，直到蛋黄和蛋清融合。

特别提示

鸡蛋在形成过程中会带菌，未煮熟的鸡蛋不能将细菌杀死，容易引起腹泻。因此鸡蛋要经高温煮熟后再吃。但是也不要煮得过老，鸡蛋煮的时间过长，蛋黄表面会形成灰绿色硫化亚铁层，很难被人体吸收。

香辣金钱蛋

⏱ 时间：17分钟

[原料]

鸡蛋·····················5个
青辣椒·····················2个
红辣椒·····················2个
葱花·····················少许

[调料]

盐·····················4克
生抽·····················毫升
淀粉·····················适量
食用油·····················12毫升

[做法]

1 鸡蛋煮熟放凉。
2 青、红辣椒洗干净后，切成小圈。
3 放凉的鸡蛋去壳，切成片，两面蘸少许淀粉。
4 锅里放油，放入鸡蛋片煎至表面金黄。
5 放入青、红辣椒一起爆炒一会儿，然后放盐、生抽翻炒均匀，出锅前撒葱花即可。

TIPS

炒鸡蛋时，翻炒的力道不要太大，以免将蛋炒碎。

鹌鹑蛋

[别名] 鹌鸟蛋、鹌鹑卵

保健功效

鹌鹑蛋中所含的丰富卵磷脂和脑磷脂是高级神经活动不可缺少的营养物质，具有健脑的作用。鹌鹑蛋含有能降低血压的维生素P等物质，是心血管疾病患者的滋补佳品。鹌鹑蛋含有一种特殊的抗过敏蛋白，能预防因为吃鱼虾发生的皮肤过敏以及一些药物性过敏。

营养分析含量表

（每100克含量）

160kcal	热量
12.8g	蛋白质
11.1g	脂肪
2.1g	碳水化合物
337μg	维生素A
515mg	胆固醇
1.61mg	锌
25.48μg	硒

选购保存

好的鹌鹑蛋外壳为灰白色，并夹杂有红褐色和紫褐色的斑纹，色泽鲜艳，壳硬，蛋黄呈深黄色，蛋白黏稠。鹌鹑蛋外面有自然的保护层，常温下可以存放45天。

清洗方法

鹌鹑蛋在水龙头下面用流动水冲洗就可以了，表面比较脏的可以用手轻搓，然后用水冲干净，沥干水分。

刀工处理

鹌鹑蛋一般要先煮熟，然后剥掉外壳，再与其他食材搭配做成菜肴，将煮熟的鹌鹑蛋剥去外壳，放案板上，对半切开即可。

特别提示

鹌鹑蛋被认为是"动物中的人参"，是公认的一种美食，这种小蛋通常煮至全熟或半熟后去壳，用于沙拉中，也可以腌渍、水煮或做胶冻食物。

鹌鹑蛋烧板栗

时间：10分钟

[原料]

熟鹌鹑蛋·····················120克
胡萝卜·····················80克
板栗肉·····················70克
红枣·····················15克
生粉·····················15克

[调料]

盐·····················2克
鸡粉·····················2克
食用油·····················适量
水淀粉·····················适量
生抽·····················5毫升

[做法]

1 将熟鹌鹑蛋放入碗中，加入生抽、生粉，拌匀。

2 去皮洗净的胡萝卜切滚刀块；洗好的板栗肉切小块。

3 热锅注油烧热，下入鹌鹑蛋，炸至表面呈虎皮状，倒入板栗肉，再炸至水分全干，捞出炸好的食材，沥干待用。

4 用油起锅，注入适量清水，倒入洗净的红枣、胡萝卜块和炸过的食材，加入盐、鸡粉，盖上锅盖，煮至全部食材熟透。

5 取下盖子，转用大火，翻炒几下，至汤汁收浓，淋入适量水淀粉勾芡，盛出装碗即可。

TIPS

熟鹌鹑蛋的表皮很嫩，炸的时候要用小火，以免炸糊。

STIR-FRY

美味小炒

PART 6

水产篇：
丰腴水产烹饪极致鲜味

鲜是构成美味的一种精髓，
而水产之鲜更是鲜中的靓丽风景。
一起变身小炒达人，
通过品尝丰腴的水产海鲜，
体验鲜的滋味，
来一场难忘的新"鲜"体验！

海带

[别名] 昆布、纶布、江白菜

保健功效

海带中含有大量的碘，能明显降低血液中胆固醇含量，常食有利于维持心血管系统的功能，使血管富有弹性。海带中的蛋氨酸、胱氨酸含量丰富，能防止皮肤干燥，常食还可使干性皮肤富有光泽，油性皮肤可改善油脂分泌。

营养分析含量表
（每100克含量）

12kcal	热量
1.2g	蛋白质
1.6g	碳水化合物
2.2µg	胡罗卜素
46mg	钙
25mg	镁
22mg	磷
9.54µg	硒

选购保存

质厚实、形状宽长、身干燥、色淡黑褐或深绿、边缘无碎裂或黄化现象的才是优质海带。鲜海带不要洗，直接用塑料袋密封放于冰箱冷藏，可存放半年不变味。

清洗方法

鲜海带直接用清水清洗即可；干海带则需要浸泡，洗去杂质的同时减少盐分含量。

刀工处理：打海带结

1.取洗净的海带平铺在砧板上，用刀切长块状。
2.将海带切成均匀的长块状。
3.用手将海带拧成螺旋状。
4.在中间打结，将海带结拉紧。
5.把剩下的海带依次打结。
6.用剪刀将海带结的两端修剪整齐即可。

特别提示

食用前，应先将海带洗净之后再浸泡，然后将浸泡的水和海带一起下锅做汤食用，这样可避免某些维生素被丢弃，从而保留海带中的有效成分。

洋葱猪皮烧海带

时间：7分钟

[原料]

猪皮·····················270克
海带结·················130克
红彩椒···················35克
洋葱·····················55克
姜片·····················少许
葱段·····················少许

[调料]

白糖······················3克
盐、鸡粉··················2克
生抽·····················4毫升
料酒·····················4毫升
水淀粉···················4毫升
食用油···················适量
胡椒粉···················适量

[做法]

1 洗净的红彩椒切开，去籽，再切块；洗净去皮的洋葱切片。

2 水烧开，放入洗净的猪皮，淋入料酒，盖上盖，用中火煮约10分钟；揭开锅盖，将猪皮捞出，放凉后切去油脂，再切小块。

3 用油起锅，倒入姜片、葱白、爆香，放入猪皮，翻炒均匀。

4 注入少许清水，倒入海带结，加入生抽、盐、鸡粉、白糖，炒匀调味，盖上盖，烧开后用小火焖约5分钟。

5 揭盖，用大火收汁，倒入洋葱、红彩椒，炒至变软，撒上胡椒粉，倒入水淀粉，放入葱叶，炒匀即可。

扫一扫看视频

TIPS

猪皮上的油脂一定要刮干净，否则会影响菜肴的口感。

草鱼

「别名」鲩鱼、草鲩、白鲩

保健功效

草鱼肉富含不饱和脂肪酸，有助于预防心血管疾病。草鱼含有核酸和锌，有增强体质、延缓衰老的功效，多吃草鱼还可以预防乳腺癌。草鱼还具有补脾暖胃、补益气血、平肝祛风的食疗功效。

营养分析含量表
（每100克含量）

113kcal	热量
16.6g	蛋白质
5.2g	脂肪
1.1μg	胡萝卜素
2.8mg	烟酸
2.03mg	维生素E
86mg	胆固醇
312mg	钾

选购保存

新鲜草鱼鱼体光滑、整洁，无病斑，无鱼鳞脱落。草鱼买回来后，刮除鱼鳞，去除鱼鳃、内脏，清洗干净，然后分割成鱼头、鱼身和鱼尾等部分，放冰箱冷冻保存。

清洗方法

沿着尾部至鳃部的方向，逆刀刮去鳞，剔去两边鳃丝，去除干净。剖开鱼腹，将内脏清除，刮去鱼腹内的黑膜，洗净即可。

刀工处理：切片

1. 斩去鱼的尾鳍。
2. 再斩去腹鳍和鳃鳍。
3. 以剖腹口为切入口，将鱼尾切开。
4. 继续往上切，将整条鱼肉片开。
5. 鱼肉被一分为二。
6. 呈厚片状，即可用于烹饪。

特别提示　烹饪时火候不能太大，以免把鱼肉弄散，而且不用放味精就很鲜美。草鱼属于发物，一次不宜大量食用，若吃得太多，有可能诱发各种疮疥。

菠萝炒鱼片

 时间：20分钟

[原料]

菠萝肉·····················75克
草鱼肉·····················150克
红椒·······················25克
姜片、蒜末·················少许
葱段·······················少许

[调料]

豆瓣酱·····················7克
盐·························2克
鸡粉·······················2克
料酒·······················4毫升
水淀粉·····················适量
食用油·····················适量

[做法]

1 菠萝肉切开，去硬芯，切片；洗净的红椒切块；草鱼肉切片。

2 鱼片装碗，加盐、鸡粉、水淀粉、食用油，腌渍10分钟。

3 油锅烧至五成热，放入鱼片拌匀，滑油至断生，捞出沥油。

4 起油锅，放入姜片、蒜末、葱段爆香，倒入红椒块，再放入菠萝肉，快速炒匀，倒入鱼片，加入盐、鸡粉、豆瓣酱。

5 淋入料酒，倒入水淀粉，用中火翻炒一会儿，至食材入味，盛出即成。

TIPS

菠萝切好后要放在淡盐水中浸泡一会儿，以消除其涩口的味道。

扫一扫看视频

生鱼

「别名」鳢鱼、黑鱼、财鱼

保健功效

生鱼具有补气血、健脾胃之功效，可强身健体、延缓衰老。患者进行手术后，常食生鱼，有生肌补血、加速伤口愈合的作用。体弱的病人、产妇和儿童，常食生鱼有益于健康，能增强体质。

营养分析含量表

（每100克含量）

85kcal	热量
18.5g	蛋白质
1.2g	脂肪
1.6μg	胡罗卜素
152mg	钙
33mg	镁
232mg	磷
24.57μg	硒

选购保存

新鲜生鱼鱼体光滑、整洁，无病斑，无鱼鳞脱落，眼睛略凸，眼球黑白分明，鳃色鲜红。生鱼宰杀好后，可放入冰箱冷冻保存。

清洗方法

去鱼鳞，平刀将鱼腹剖开，用手清理干净生鱼的内脏，将鳃丝清理干净，然后放在流水下冲洗干净即可。

刀工处理：切片

1.将鱼平放，一手按住鱼身，一手持刀紧贴鱼骨，横向将鱼身的肉片下。

2.以同样的方法将另一面的鱼肉也片下来。

3.将片下的鱼肉鱼皮朝下，一手按住鱼肉，一手持刀将鱼斜片成约0.5厘米厚的鱼片。

特别提示

生鱼出肉率高、肉厚色白、红肌较少，无肌间刺，味鲜，通常用来做鱼片。生鱼容易成为寄生虫的寄生体，所以最好不要随便食用被污染水域的生鱼。生鱼子有毒，忌食，误食有生命危险。

鲜笋炒生鱼片

时间：18分钟

[原料]

竹笋·······················200克
生鱼肉·····················180克
彩椒·······················40克
姜片·······················少许
蒜末·······················少许
葱段·······················少许

[调料]

盐··························3克
鸡粉·······················5克
水淀粉·····················适量
料酒·······················适量
食用油·····················适量

[做法]

1　洗净的竹笋切丝；洗好的彩椒切小块；洗净的生鱼肉切片。

2　将鱼片装入碗中，放盐、鸡粉、水淀粉抓匀，注入适量食用油，腌渍10分钟。

3　锅中注水烧开，放盐、鸡粉，倒入竹笋略煮，捞出。

4　用油起锅，放入蒜末、姜片、葱段，爆香，倒入彩椒、鱼片，翻炒片刻，淋入料酒，炒香。

5　放入竹笋，加盐、鸡粉，炒匀调味，倒入水淀粉炒匀，装盘。

TIPS

竹笋焯水的时间不要太久，以免过于熟烂，影响其爽脆的口感。

扫一扫看视频

鳝鱼

「别名」黄鳝、长鱼

保健功效

鳝鱼肉富含DHA、EPA，能强化脑力，预防心血管疾病。鳝鱼肉中独有的鳝鱼素，有降低并调节血糖的功效。鳝鱼肉中的维生素A可以增进视力，促进皮膜的新陈代谢。鳝鱼还具有补气养血、祛风湿、强筋骨、壮阳等食疗作用。

营养分析含量表
（每100克含量）

89kcal	热量
18g	蛋白质
1.4g	脂肪
1.2g	碳水化合物
263mg	钾
42mg	钙
2.5mg	铁
34.56μg	硒

选购保存

要挑选大而肥，体色为灰黄色，在水中活动灵活，身体上无斑点、溃疡的活鳝。将鳝鱼洗净，加姜、盐，装入保鲜袋后，入冰箱冷藏，可保存3天左右。

清洗方法

用刀在鳝鱼的头部切一个小口，把剪刀插入小口，沿着腹部剪开，用手摘除内脏，放在流水下冲洗干净。

刀工处理：切段

1.处理干净的鳝鱼放平。
2.用刀斩断筋骨。
3.将鳝鱼切成段。

特别提示 鳝血入酒饮后增力补气，还可用此酒涂抹治疗癣、瘘，所以食用鳝鱼不可丢去鳝血。将鳝鱼背朝下铺在砧板上，用刀背从头至尾拍打一遍，这样可使烹调时受热均匀，更易入味。鳝鱼肉紧，拍打时可用力大些。

翠衣炒鳝片

[原料]

鳝鱼150克，西瓜片200克，蒜片、姜片、葱段、红椒圈各少许

[调料]

生抽5毫升，料酒8毫升，盐2克，鸡粉2克，食用油少许

[做法]

1 处理好的西瓜片切成薄片待用；处理干净的鳝鱼用刀斩断筋骨，切成段。

2 热锅注油，倒入蒜片、姜片、葱段，翻炒爆香，倒入少许西瓜片、鳝鱼，快速翻炒。

3 淋入料酒，倒入西瓜片、红椒圈，快速炒匀。

4 加生抽、鸡粉、盐、料酒，快速翻炒片刻，使食材入味至熟，装盘即可。

 时间：5分钟　扫一扫看视频

双椒炒鳝丝

[原料]

水发茶树菇150克，鳝鱼200克，青椒10克，红椒10克，姜片、葱段各少许

[调料]

盐2克，鸡粉2克，生抽5毫升，料酒3毫升，水淀粉5毫升，食用油适量

[做法]

1 洗净的青椒、红椒切丝；处理好的鳝鱼切丝。

2 锅中注水烧开，倒入茶树菇，搅拌均匀，略煮一会儿捞出，沥干水分。

3 热锅注油，倒入姜片、葱段爆香，放入鳝鱼炒匀，淋料酒，倒入茶树菇、青椒、红椒炒匀。

4 加入少许盐、生抽、鸡粉，炒匀调味，倒入水淀粉，快速翻炒均匀，盛入盘中即可。

 时间：10分钟　扫一扫看视频

鳕鱼

「别名」明太鱼、大口鱼

保健功效

鳕鱼含有丰富的镁元素，对心血管系统有很好的保护作用，有利于预防高血压、心肌梗死等心血管疾病。鳕鱼还可用于跌打损伤、脚气、咯血、便秘、褥疮、烧伤、外伤以及阴道、宫颈炎症和糖尿病的食疗。

营养分析含量表
（每100克含量）

88kcal	热量
20.4g	蛋白质
14μg	维生素A
2.7mg	烟酸
321mg	钾
130.3mg	钠
232mg	磷
24.8μg	硒

选购保存

新鲜的鳕鱼肉质坚实有弹性，手指压后凹陷能立即恢复。保存鳕鱼时，可把盐撒在鱼肉上，用保鲜膜包起来，放入冰箱冷冻室。

清洗方法

将鳕鱼放在流水下冲洗，用手将表皮撕干净，冲洗后沥干水分。

刀工处理：切丁

1.取洗净的鳕鱼肉，用刀切片状。
2.将片的两端切平整。
3.对半切开呈条状。
4.将条切成丁状。
5.依次切丁状。
6.将剩余的鳕鱼切成丁即可。

特别提示

切鳕鱼片时，一定要用推拉刀切，鱼片才不会切破。辨别鳕鱼是否炸熟，可在油炸过程中用竹筷轻插鱼身，如果竹筷拔出时沾带鱼血，表示未熟，反之则表示内部已熟。

四宝鳕鱼丁

 时间：20分钟

[原料]

鳕鱼肉⋯⋯⋯⋯⋯⋯200克
胡萝卜⋯⋯⋯⋯⋯⋯150克
豌豆⋯⋯⋯⋯⋯⋯⋯100克
玉米粒⋯⋯⋯⋯⋯⋯90克
鲜香菇⋯⋯⋯⋯⋯⋯50克
姜片、蒜末⋯⋯⋯⋯少许
葱段⋯⋯⋯⋯⋯⋯⋯少许

[调料]

盐⋯⋯⋯⋯⋯⋯⋯⋯⋯3克
鸡粉⋯⋯⋯⋯⋯⋯⋯2克
料酒⋯⋯⋯⋯⋯⋯⋯5毫升
水淀粉⋯⋯⋯⋯⋯⋯适量
食用油⋯⋯⋯⋯⋯⋯适量

[做法]

1 洗净去皮的胡萝卜切丁；洗好的香菇和鳕鱼肉切丁。

2 鳕鱼丁加盐、鸡粉、水淀粉、食用油拌匀，腌渍约10分钟。

3 水烧热，加盐、鸡粉、食用油，倒入胡萝卜丁、香菇丁和洗好的豌豆、玉米粒，搅匀，用大火焯至断生，捞出，沥干水分。

4 油锅烧至五成热，倒入鳕鱼丁，搅拌至其变色，捞出沥油。

5 用油起锅，放入姜片、蒜末、葱段爆香，倒入焯过水的食材，用大火炒匀，至其析出水分，再放入滑过油的鳕鱼丁。

6 加盐、鸡粉、料酒，翻炒至食材熟透，倒入水淀粉，炒匀。

扫一扫看视频

TIPS

鳕鱼丁滑油时的油温不宜太高，以免将鱼肉炸老了。

甲鱼

「别名」鳖、水鱼、团鱼

保健功效

甲鱼富含DHA、EPA，有助于智力发育。甲鱼富含动物胶、角蛋白、铜、维生素D等营养素，能够增强身体的抗病能力及调节人体的内分泌功能，也是提高母乳质量、增强婴儿的免疫力及智力的滋补佳品。甲鱼亦有较好的净血作用，常食者可降低血胆固醇，因而对高血压、冠心病患者有益。

营养分析含量表
（每100克含量）

118kcal	热量
4.3g	脂肪
17.8g	蛋白质
139µg	维生素A
101mg	胆固醇
70mg	钙
15mg	镁
15.19µg	硒

选购保存

凡外形完整、无伤无病、肌肉肥厚、腹甲有光泽、背胛肋骨模糊、裙厚而上翘、四腿粗而有劲、动作敏捷的为优等甲鱼。甲鱼宜用清水活养，忌食死甲鱼。

清洗方法

黑膜和甲鱼肚子上的薄皮去掉，将甲鱼用清水冲洗干净。从甲鱼的裙边底下沿周边切开，将内脏用剪刀清理，洗净即可。

刀工处理：整只分割

1.取洗净的甲鱼，在背上平切一刀，沿裙边切开，将甲鱼壳用手掰开；在头部切一刀，将甲鱼切成上下两半。

2.取上半部分，从中间切一刀，一分为二，再将其从中间切一刀，分成4小份。

3.取下半部分，背朝下放好，在脖子上开一刀，将头切断。

4.将甲鱼对半切开，一分为二，再对半切成4块即可。

特别提示

甲鱼体内的黄油腥味异常，一定要去除干净。杀甲鱼时，将它的胆囊取出，将胆汁与水混合，再涂于甲鱼全身，稍等片刻，用清水把胆汁洗掉，然后烹调就可以去除腥味。烹制甲鱼一定要选用鲜活的，现吃现宰，不要用死甲鱼，否则对身体有害。

生爆甲鱼

时间：17分钟

[原料]

甲鱼肉块……………………500克
蒜苗………………………20克
水发香菇……………………50克
香菜………………………10克
姜片、葱段、蒜末…………少许

[调料]

盐、鸡粉……………………2克
白糖………………………2克
辣椒面………………………少许
老抽………………………1毫升
生抽………………………4毫升
料酒………………………7毫升
食用油、水淀粉……………适量

[做法]

1 洗净的蒜苗和香菜切段；洗净的香菇切小块。

2 水烧开，倒入甲鱼肉块拌匀，淋料酒，汆去血渍，捞出沥水。

3 起油锅，倒入姜片、蒜末、葱段，爆香，放入香菇块，炒匀。

4 倒入汆过水的甲鱼肉，拌炒匀，加入生抽、料酒，炒匀提味，撒上辣椒面，炒出香辣味。

5 注入清水，加盐、鸡粉、白糖、老抽炒匀，略煮，倒入水淀粉炒匀，大火收汁，放入蒜苗，炒至断生，装盘，点缀上香菜。

TIPS

可以根据个人口味，适量增减辣椒面的用量。

扫一扫看视频

鱿鱼

「别名」枪乌贼、竹快子

保健功效

鱿鱼有调节血压、保护神经纤维、活化细胞的作用，经常食用鱿鱼能延缓身体衰老。鱿鱼所含的大量不饱和脂肪酸和高量牛磺酸，都可有效减少血管壁内所累积的胆固醇，对预防血管硬化、胆结石的形成颇具功效。

营养分析含量表

（每100克含量）

75kcal	热量
17g	蛋白质
0.8g	脂肪
16μg	维生素A
16mg	钾
134.7mg	钠
60mg	磷
13.65μg	硒

选购保存

优质鱿鱼体形完整，呈粉红色，有光泽，体表略现白霜，肉肥厚，半透明，背部不红。鲜鱿鱼去除内脏和杂质，洗净，用保鲜膜包好，放入冰箱冷冻室保存。

清洗方法

剥开鱿鱼的外皮，取出软骨，洗净，剪去鱿鱼的内脏，去掉眼睛，再用清水冲洗干净，沥干。

刀工处理：切圈

1.取洗净的鱿鱼肉，将鱿鱼的圆形开口切整齐。
2.从鱿鱼圆形开口的那端用直刀切圈。
3.用同样的方法把整块鱿鱼肉切完即可。

特别提示

鱿鱼必须煮熟透后再食，因为鲜鱿鱼中有多肽，若未煮透就食用，会导致肠运动失调。鱿鱼干要先用清水泡几个小时，再刮去体表上的黏液，然后用热碱水泡发。出锅前，放入非常稀的水淀粉，可以使鱿鱼更有滋味。

鱿鱼须炒四季豆

[原料]

鱿鱼须300克，四季豆200克，彩椒适量，姜片、葱段各少许

[调料]

盐3克，白糖2克，料酒6毫升，鸡粉2克，水淀粉3毫升，食用油适量

[做法]

1 处理好的四季豆和鱿鱼须分别切段；洗净的彩椒切开，去籽切条。

2 锅中注水烧开，加少许盐，倒入四季豆，煮至断生，捞出沥水。

3 锅中再倒入鱿鱼须，搅匀，汆去杂质后捞出，沥干水分。

4 热锅注油，下姜片、葱段爆香，放入鱿鱼须，快速翻炒均匀。

5 淋入料酒，倒入彩椒、四季豆，加盐、白糖、鸡粉、水淀粉，翻炒至食材入味即可。

 时间：12分钟　扫一扫看视频

酱爆鱿鱼圈

[原料]

鱿鱼250克，红椒25克，青椒35克，洋葱45克，蒜末10克，姜末10克

[调料]

豆瓣酱30克，料酒5毫升，鸡粉2克，食用油适量

[做法]

1 洗净的洋葱、红椒、青椒切丝；处理好的鱿鱼切圈，汆水后放入凉水晾凉，捞出沥干。

2 起油锅，下豆瓣酱、姜末、蒜末爆香，倒入鱿鱼和料酒翻炒，放入洋葱，注入适量清水。

3 倒入青椒、红椒，加鸡粉炒匀，盛出。

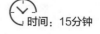 时间：15分钟

墨鱼

[别名] 乌贼、花枝

保健功效

墨鱼有补益精气、通调月经、收敛止血、美肤乌发的作用。另外，墨鱼对祛除脸上的黄褐斑和皱纹非常有效。常食墨鱼肉可滋阴养血、益气强筋，对子宫出血、消化道出血、肺结核咳血等颇有疗效。

营养分析含量表

（每100克含量）

83kcal	热量
15.2g	蛋白质
0.9g	脂肪
3.4g	碳水化合物
1.49mg	维生素E
226mg	胆固醇
400mg	钾
165mg	磷

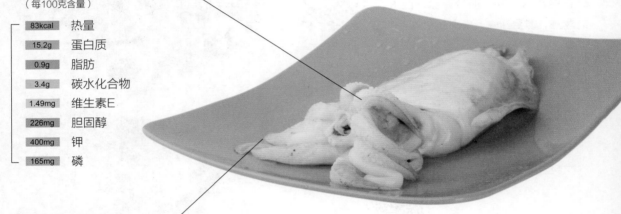

选购保存

品质优良的鲜墨鱼，身上有很多小斑点，并隐约有闪闪的光泽，肉身挺硬、透明。新鲜墨鱼去除表皮、内脏和墨汁后，清洗干净，用保鲜膜包好，放入冰箱冷冻保存。

清洗方法

用手撕开墨鱼的表皮，掰开墨鱼的身体，将表皮撕掉、鱼骨拉出，用刀将墨鱼切成块，把内脏和眼睛摘除，用清水冲洗干净。

刀工处理：切片

1. 用斜刀法切墨鱼肉。
2. 将墨鱼肉斜切成均匀的薄片。
3. 将所有的墨鱼斜切成厚薄一致的长方片。

特别提示

食用新鲜墨鱼时一定要去除内脏，因为其中含有大量的胆固醇。墨鱼的吃法很多，有红烧、爆炒、熘、炖、烩、凉拌、做汤，还可制成墨鱼馅饺子和墨鱼肉丸子，比较常见的菜有爆炒墨鱼丝、爆墨鱼卷、烧墨鱼汤、熘墨鱼片等。

荷兰豆百合炒墨鱼

时间：8分钟

[原料]

墨鱼·····················400克
百合·······················90克
荷兰豆····················150克
姜片、蒜片···············少许
葱段·······················少许

[调料]

盐··························2克
鸡粉························2克
白糖························3克
料酒······················5毫升
水淀粉····················4毫升
芝麻油····················3毫升
食用油····················适量

[做法]

1 洗净的荷兰豆修整齐；处理好的墨鱼切成段，身子片成片。

2 水烧开，加食用油、盐，倒入荷兰豆、百合煮至断生捞出，再倒入墨鱼汆水捞出。

3 热锅注油烧热，倒入姜片、葱段、蒜片，爆香，倒入墨鱼，淋料酒提鲜。

4 倒入荷兰豆、百合，加盐、白糖、鸡粉调味。

5 淋入水淀粉、芝麻油炒匀，装盘即可。

扫一扫看视频

 TIPS

食材均已汆水，不宜炒制过久，以免炒老。

虾

[别名] 河虾、草虾

保健功效

虾的钙含量为各种动植物食品之冠，特别适宜老年人和儿童食用，还含微量元素硒，能预防癌症。食用虾肉能强健骨质，预防骨质疏松。虾肉还含有一种特别的物质——虾青素，有助于消除因时差反应产生的"时差症"。

营养分析含量表

（每100克含量）

101kcal	热量
18.2g	蛋白质
1.4g	脂肪
3.9g	碳水化合物
1.69mg	维生素E
181mg	胆固醇
250mg	钾
139mg	磷

选购保存

新鲜的虾体形完整，外壳硬实、发亮，头、体紧紧相连，虾身有一定的弯曲度，肉质细嫩、有弹性、有光泽。鲜虾在入冰箱储存前，先用开水或油氽一下。

清洗方法

用剪刀剪去虾须、虾脚和虾尾尖，在虾背部开一刀，用牙签将虾线挑干净，把虾放在流水下冲洗，沥干水分即可。

刀工处理：切球

1.用手掐掉虾头，剥虾壳。

2.将虾的尾巴掐掉。

3.将虾背切开，在开水中氽烫，直到呈球状即可。

特别提示

烹调虾之前，先用泡桂皮的沸水把虾氽烫一下，味道会更鲜美。煮虾的时候滴少许醋，可让煮熟的虾壳颜色鲜红亮丽，吃的时候，壳和肉也容易分离。

虾仁

虾仁选用活虾为原料，用清水洗净虾体，去掉虾头、虾尾、虾线和虾壳，剥壳后的纯虾肉即为虾仁。

保健功效

虾仁具有补肾壮阳、健胃的功效，熟食能温补肾阳。

营养分析含量表
（每100克含量）

48kcal	热量
10.4g	蛋白质
0.7g	脂肪
60.01mg	维生素B
3.82mg	锌
2.33mg	铜
666mg	磷
75.4μg	硒

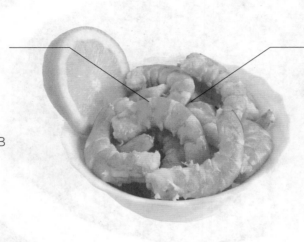

选购保存

优质虾仁的表面略带青灰色或有桃仁网纹，前端粗圆，后端尖细，呈弯钩状，色泽鲜艳；水泡虾仁体发白或微黄，轻度红变，体半透明。虾仁应置于冰箱冷冻室保存，并在保质期内食用完。

虾米

[别名] 海米、金钩、开洋

虾米是用鹰爪虾、脊尾白虾、羊毛虾和周氏新对虾等加工的熟干品，看起来体形很小，其实是缩水的关系，有较高的营养价值。

保健功效

虾米中的钙含量丰富，可以满足人体对钙质的需要；其中的磷有促进骨骼、牙齿生长发育，加强人体新陈代谢的功效；铁可协助氧的运输，预防缺铁性贫血；烟酸可促进皮肤神经健康，对舌炎、皮炎等症有防治作用。

营养分析含量表
（每100克含量）

198kcal	热量
43.7g	蛋白质
2.6g	脂肪
21μg	维生素A
525mg	胆固醇
550mg	钾
666mg	磷
75.4μg	硒

选购保存

挑选虾米，一定要选干爽、不粘手、味道清香的。品质良好的虾米，体表鲜艳发亮、发黄或浅红色，体形弯曲，大小匀称。虾米可置于冰箱直接保存，但要在2个月内食用完。

咖喱炒虾 时间：8分钟

[原料]

虾·······························250克
鸡蛋·······························1个
椰浆·······························150毫升

[调料]

咖喱粉·······························10克
淀粉·······························10克
盐·······························适量
食用油·······························适量

[做法]

1 将虾洗净，去除虾肠，把头跟尾切掉，防止扎嘴。

2 虾中加淀粉拌匀，然后放入油锅中炒熟，盛出待用。

3 鸡蛋打散，加入椰浆混合均匀。

4 咖喱粉加少许清水，倒入油锅中炒香。

5 倒入虾及鸡蛋椰浆混合液，调入盐，待鸡蛋熟后出锅即可。

TIPS

炒虾时，要控制好时间和火候，以免炒得过老，影响成品口感。

芦笋沙茶酱辣炒虾

[原料]

芦笋40克，虾仁150克，蛤蜊肉100克，姜片、葱段各少许

[调料]

沙茶酱10克，泰式甜辣酱4克，鸡粉2克，生抽5毫升，水淀粉5毫升，白葡萄酒100毫升，食用油适量

[做法]

1 洗净的芦笋切成小段；虾仁去虾线。

2 锅中注水烧开，倒入芦笋煮至断生后捞出，倒入蛤蜊肉略煮捞出。

3 姜片、葱段入油锅爆香，加入沙茶酱、泰式甜辣酱炒匀，倒入虾仁、白葡萄酒炒匀，倒入芦笋、蛤蜊肉炒匀。

4 加鸡粉、生抽、水淀粉炒匀，装盘即可。

时间：8分钟

陈皮炒河虾

[原料]

水发陈皮3克，高汤250毫升，河虾80克，姜末、葱花各少许

[调料]

盐2克，鸡粉3克，胡椒粉、食用油各适量

[做法]

1 洗好的陈皮切丝，再切成末，备用。

2 用油起锅，放入河虾、姜末、陈皮，炒匀。

3 倒入高汤，放入盐、鸡粉、胡椒粉，拌匀。

4 倒入葱花，炒匀，关火后盛出炒好的菜肴，装盘即可。

时间：6分钟

扫一扫看视频

奶油炒虾 时间：10分钟

[原料]

草虾··································200克

洋葱····································15克

蒜····································10克

奶油····································10克

[调料]

盐······································2克

食用油································适量

[做法]

1 剪掉草虾长须、尖刺及后脚，将虾背剪开，挑去虾线，洗净，沥干水分。

2 将洋葱及蒜切末。

3 油锅烧热，放入草虾炸至其表皮酥脆，捞出沥干待用。

4 另起锅，加入奶油、洋葱末、蒜末，用小火炒香，再放入草虾，调入盐，用大火翻炒片刻即可。

TIPS

炸过的虾炒制时间不宜过长，否则虾肉的口感就会变差。

油爆大虾 时间：5分钟

[原料]

大虾·····················6只
葱·····················适量
蒜·····················2瓣

[调料]

盐·····················2克
白糖····················2克
料酒··················5毫升
生抽··················5毫升
老抽··················3毫升
米醋··················3毫升
食用油··················适量

[做法]

1 大虾洗净去须，切去头尾，切开背部，挑去虾线；葱切碎；蒜切片。

2 炒锅加油烧热，放入葱末、蒜片爆香，放入大虾，用大火翻炒，加入料酒，炒匀提鲜。

3 加入生抽、老抽、米醋，炒匀。

4 放入盐、白糖，炒出香味，撒上葱花即可出锅。

TIPS

要掌握好火候，过热蒜会焦，就会有苦味。

濑尿虾

[别名] 皮皮虾、琵琶虾

🐾 保健功效

濑尿虾有补肾壮阳、通乳脱毒之功效，尤其适宜肾虚阳痿、男性不育症、腰脚无力之人食用。

营养分析含量表

（每100克含量）

103kcal	热量
18.6g	蛋白质
0.8g	脂肪
5.4g	碳水化合物
1.78mg	锌
1.48mg	铜
275mg	磷
28.39μg	硒

🧺 选购保存

濑尿虾以"长颈"为最佳，濑尿虾头部以下会有节，如果节数多，那么肉也会很多。保存濑尿虾，可取空的矿泉水瓶子，洗干净，将整只虾放入，灌满凉水，放冰箱冷冻即可。

🚰 清洗方法

先将濑尿虾放到干净的容器中，接水没过虾，盖上盖，左右摇5分钟左右，再换清水冲洗干净即可。

🔪 刀工处理：切段

1.取洗净的濑尿虾，用刀横向从中间对半切开。

2.切掉虾触角和尾尖。

3.依此方法，将其余的濑尿虾切完即可。

> **特别提示** 由于濑尿虾的附肢是有攻击性的，在处理鲜活濑尿虾时一定要戴上厚手套。濑尿虾属于寒凉阴性食品，食用时最好与姜、醋、花椒等佐料共同食用，即能杀菌，又可以防止身体不适。

沙茶酱炒濑尿虾

[原料]

濑尿虾400克，红椒粒10克，洋葱粒、青椒粒、葱白粒各10克

[调料]

鸡粉2克，料酒4毫升，生抽4毫升，沙茶酱10克，蚝油、食用油各适量

[做法]

1 热锅注油，烧至七成热，倒入处理好的濑尿虾，炸至变色，将炸好的虾捞出，沥干油。

2 用油起锅，倒入红椒粒、青椒粒、洋葱粒、葱白粒、沙茶酱，炒匀。

3 放入炸好的虾，翻炒约2分钟至食材熟软。

4 加入鸡粉、料酒、生抽、蚝油，炒匀调味，装入盘中即可。

 时间：5分钟　　扫一扫看视频

小炒濑尿虾

[原料]

濑尿虾400克，洋葱100克，芹菜20克，红椒15克，姜片、蒜末、葱段各少许

[调料]

盐、白糖各2克，鸡粉3克，料酒、生抽、食用油各适量

[做法]

1 洗净的芹菜切长段；洗好的红椒切成圈；洗净的洋葱切成块。

2 热锅注油烧热，倒入处理好的濑尿虾，炸至虾身变色捞出，沥干油，装盘备用。

3 锅底留油，下葱段、蒜末、姜片爆香，加入洋葱、红椒、芹菜炒2分钟，倒入濑尿虾炒匀。

4 加料酒、盐、鸡粉、生抽、白糖调味，装盘。

 时间：10分钟　　扫一扫看视频

螃蟹

「别名」蝤蛑蟹、梭子蟹

保健功效

蟹肉富含钙，能强健骨质，预防骨质疏松。蟹肉含有碘，可以预防甲状腺肿大。蟹肉中还含有尼克酸等在其他食物中难以获得而人体又十分需要的物质。中医认为蟹肉具有清热散结、通脉滋阴、补肝肾、生精髓、壮筋骨之功效。

营养分析含量表
（每100克含量）

80kcal	热量
14.6g	蛋白质
1.6g	脂肪
402μg	维生素A
119mg	胆固醇
206mg	钾
262mg	磷
75.9μg	硒

选购保存

要挑选壳硬、发青、蟹肢完整、有活力的螃蟹；也可以用手捏螃蟹脚，螃蟹脚越硬越好。把螃蟹捆好，放在冰箱冷藏室里，最好是放水果的那层。

清洗方法

用软毛刷在流水下刷洗蟹壳，刮除蟹壳里的脏物，用刀将蟹壳打开，将蟹肉上的脏物清理掉，洗净即可。

刀工处理：切块

1. 取外表洗净的蟹，用刀撬开蟹壳。
2. 将蟹壳打开。
3. 用刀将蟹壳里的脏物刮除后清洗干净。
4. 将蟹从中间对半切开。
5. 将蟹足尖切掉。
6. 按同样的方法将其余的蟹切完即可。

特别提示

在烹饪螃蟹时，宜加入一些紫苏叶、鲜生姜，以解蟹毒，减其寒性。螃蟹肉味鲜美，营养丰富，但死螃蟹忌食之，因为螃蟹喜食动物尸体等腐烂性物质，故其胃肠中常带致病细菌和有毒物质，一旦死后，这些病菌大量繁殖。

桂圆炒蟹块

 时间：5分钟

[原料]

蟹块·····················400克
桂圆肉·····················100克
洋葱片·····················50克
姜片、葱段·················少许
生粉·····················20克

[调料]

盐·····················2克
鸡粉·····················2克
料酒·····················10毫升
生抽·····················5毫升
食用油·····················适量

[做法]

1 洗净的蟹块装入盘中，撒上生粉，拌匀。

2 热锅注油，烧至六成热，放入蟹块，炸约半分钟至其呈鲜红色，捞出，装盘备用。

3 锅底留油，放入洋葱片、姜片、葱段，爆香，倒入炸好的蟹块，淋入适量料酒。

4 放盐、鸡粉，淋入生抽，翻炒均匀，倒入桂圆肉，炒匀，盛出炒好的蟹块，装入盘中即可。

TIPS

蟹肉要彻底加热至熟透，否则容易导致急性肠胃炎或食物中毒。

咖喱炒蟹 时间: 12分钟

[原料]

大闸蟹·····················1只
洋葱·····················50克
去皮土豆·················50克
红椒片···················适量
姜片·····················5克
蒜末·····················4克
椰浆·····················适量

[调料]

咖喱粉···················适量
食用油···················适量

[做法]

1 大闸蟹洗净、斩块，放入油锅中炸一下，捞出，沥干油待用。

2 咖喱粉装碗，放入部分椰浆调匀。

3 土豆洗净，切小块；洋葱切块。

4 油锅烧热，下姜片、蒜末爆香，下土豆块翻炒，下三分之二的咖喱椰浆，转小火焖煮。

5 煮到土豆七八分熟，下洋葱和红椒片，最后下大闸蟹块，加入余下的咖喱椰浆，翻炒均匀，收汁即可。

TIPS

烹饪前先将大闸蟹泡在水里，使其吐出脏污，再用小刷子刷洗蟹壳，这样食用时才卫生。